实用职业化妆技巧

The Utility Occupation Makeup Skills

武汉理工大学出版社
WUHAN UNIVERSITY OF TECHNOLOGY PRESS

贾　芸　洪　玲　主　编
蔡景红　洪　叶　陈方琛　副主编
何　珍　参　编

图书在版编目（CIP）数据

实用职业化妆技巧／贾芸，洪玲主编 .—武汉：武汉理工大学出版社，2014.7（2017.6重印）

ISBN 978-7-5629-4631-1

Ⅰ. ①实… Ⅱ. ①贾… ②洪… Ⅲ. ①化妆－基本知识 Ⅳ. ① TS974.1

中国版本图书馆 CIP 数据核字（2014）第 169630 号

项目负责人：杨　涛

责 任 编 辑：陈　平

责 任 校 对：雷红娟

装 帧 设 计：亚　西

出 版 发 行：武汉理工大学出版社

社　　　　址：武汉市洪山区珞狮路 122 号

邮　　　　编：430070

网　　　　址：http://www.techbook.com.cn

经　　　　销：各地新华书店

印　　　　刷：湖北恒泰印务有限公司

开　　　　本：880×1230　1/16

印　　　　张：6

字　　　　数：216 千字

版　　　　次：2014 年 7 月第 1 版

印　　　　次：2017 年 6 月第 3 次印刷

定　　　　价：39.00 元

自序

目前，市场上有大量的化妆教材及有关彩妆方面的书刊，它们向人们传递着种种时尚概念及化妆方法，但是许多书籍都有其不足之处：有些化妆教材大量地介绍概念性的内容，对化妆的基本步骤没有系统详细的介绍，这样会使初学者失去兴趣；而市场上销售的大部分化妆书刊，又对概念性的内容介绍过少，这样的书籍显然不适合作为教材使用。

本书在对化妆的概念性内容进行适当的阐述的基础上，详细地介绍了化妆用品、化妆工具、化妆的详细步骤、发型的搭配以及服装的搭配等。因此，本书不仅适合化妆初学者，也适用于职场工作者，特别是需要学习整体形象设计及搭配技巧的职场人士，为职业化妆及整体形象设计提供了一本非常实用的参考资料。

本书在编排和设计上有很多创新之处：

1.本书的第5章系统详细地介绍了化妆的整个步骤，并将其中的每一个步骤做了非常完整的介绍，介绍的顺序严格按照化妆的步骤进行。

2.本书语言通俗易懂，适合任何阶段的化妆者使用。

3.本书的第6、7、8章分别详细地介绍了职业发型设计、职业着装设计以及不同职业角色的妆容设计，使读者能够清晰地了解职业整体形象的化妆及搭配技巧。

4.本书强调"实用"二字，使学生及对化妆、职业形象设计有兴趣的读者能够学习到非常实用的知识。

本书结合历年来不同化妆教材的特点，同时增强了教材的实用性。在本书的编著过程中，武汉商学院的洪玲、蔡景红、洪叶、陈方琛老师以及湖北文理学院的何珍老师给予了大力支持，谨此一并表示感谢！

由于编者水平有限和编写时间仓促，书中不足之处在所难免，恳请广大读者和同行专家批评指正，以便不断修订完善。

编者

2014 年5月

目录

目 录

1 绪论

1.1 职业形象设计的含义与特征

1.1.1 职业形象的含义

1. 职业形象的含义

形象是指可以表达某种含义的媒介物的客体或事件。

职业的内涵和特征决定了职业形象是一个行业或组织的精神内涵和文化理念在从业人员身上的具体体现，是一定行业或组织的形象与具体从业人员个体形象的有机结合。职业形象是指从业人员在职场中通过衣着打扮、言行举止，反映个性、形象及公众面貌所树立起来的印象。形象设计是一个人在自我思想、追求抱负、个人价值观和人生观等方面与社会进行沟通并为之接受的方法。

2. 职业形象的类型

（1）整体形象与局部形象

整体形象主要是指职业气质、职业仪表、职业礼仪等整体方面的形象。局部形象主要是指职业着装、职业发型等局部方面的形象。

（2）外在形象与内在形象

外在形象是指人们感官直接感知的职业形象，如职业发型、职业着装、职业仪表等。内在形象是指职业素质、职业精神、职业能力等行业或组织的内涵的精神及文化理念。

（3）期望形象与实际形象

期望形象分为自我期望形象和公众期望形象。实际形象分为自我感觉的实际形象和公众感觉的实际形象。

1.1.2 职业形象设计的含义与作用

1. 职业形象设计的含义

职业形象设计是指从业人员在职场中，根据特定的行业或组织对员工内在、外在形象的要求，预先按照一定的方法、程序，依据自身特点来塑造自己，完善自己，使自己的内在、外在形象符合行业或组织标准及其文化理念要求的行为过程。

2. 职业形象设计的作用

如果你把职业形象简单地理解为外表形象，如果你把一个人的外表跟成功挂钩，那么你就犯了一个非常严重的错误。职业形象包括多种因素：外表形象、知识结构、品德修养、沟通能力等等。如果把职业形象比作一座大厦，外表形象就好比大厦外表上的马赛克一样，知识结构就是地基，品德修养就是大厦的钢筋骨架，沟通能力则是连接大厦内部以及大厦与外界的通道。

要成功就要适当改变我们的性格，而改变我们的性格应该从改变我们追求成功的欲望、改变平时的习惯做起，而所有这些的最根本之处就是要通过学习来改变，就是说要通过知识的积累、品德的修养、沟通能力的锤炼来改变，最后再给这座"大厦"粘贴上漂亮的马赛克，你的职业形象设计就完成了。

（1）交往需求

实际上，不管你愿意与否，你时刻带给别人的都是关于你形象的一种直接印象。初次见面的人也可以通过你的形象留给人的第一印象得出关于你的结论：经济、文化水平如何，可信任程度，是否值得依赖，社会地位如何，老练程度如何，你的家庭教养的情况，是否是一个成功人士。调查结果显示，当两个人初次见面的时候，第一印象中的55%是来自你的外表，包括你的衣着、发型等；第一印象中的38%来自一个人的仪态，包括你举手投足之间传达出来的气质，说话的声音、语调等；而只有7%的印象是来源于简单的交谈。也就是说，第一印象中的93%都是关于你的外表形象。

（2）职业需求

一个人，尤其是职场人士的形象将可能左右其职业生涯发展前景，甚至会直接影响到一个人的成败。据著名形象设计公司英国CMB公司对300名金融公司决策人的调查显示，成功的形象塑造是获得高职位的关键，形象的包装已不再是明星的专利，普通职场人士对自己的形象也越来越重视，因为好的形象可以增加一个人的自信，对个人的求职、工作晋升等都起着至关重要的作用。

（3）社会需求

美国的一位形象设计专家对美国财富排行榜前300位中的100人进行过调查，调查的结果是：97%的人认为，如果一个人具有非常有魅力的外表，那么他在公司里会有很多升迁的机会；92%的人认为，他们不会挑选不懂得穿着的人做自己的秘书；93%的人认为，他们会因为求职者在面试时的穿着不得体而不予录用。现实中我们也有很多这样的例子，同样是参加一个招聘会，有的人因为得体的穿着和良好的表现，在求职的过程中取得了很好的职位，而很多人因为没有注意到职业形象设计的重要性而与机会失之交臂。所以如果你想要成功，你就要从你的形象开始改变。

1.1.3 职业形象设计的内容

1．职业仪表、礼仪形象设计

职业仪表形象设计包含的内容如： 职业化妆、职业发型、职业着装、职业仪态等。职业礼仪形象设计包含的内容如：办公室礼仪、接待礼仪、电话信函礼仪、宴会礼仪等。

2．职业能力形象设计

职业能力形象设计是职业形象设计的核心，根据职业人不同的职业、职位、职能，对应有不同的职业能力形象设计要求。如决策能力、管理能力、社交能力、表达能力、执行能力、学习能力等都有不同的形象设计要求。

3．职业气质形象设计

职业气质形象设计实际上是一个长期的自我修养过程。对一些心理状态的表达方式进行适当的调整或改变，就可以在一定程度上改善或改变气质，再经过长期的学习和培养，便会形成新的职业气质形象。

4．职业精神形象设计

职业精神形象设计也是一个长期的学习与培养过程。关于职业精神形象的设计与训练，最重要的是丰富自己的精神内涵，确立积极的价值观和远大的人生目标，并加强知识的学习，提高自身的修养。

1.2 职业形象设计的原则与类型

1.2.1 保守职场

政府公务人员、法律界人士、金融界人士及企事业界的高端管理层，属于强迫性着装管理的范畴。

国际上将在这些职场就职的人们定位为保守职场人士，是由于他们在国家及社会中担任着重要职务。保守职场人士的整体形象应表现出权威性、信任度及缜密感。他们的形象既代表着国家的、民族的整体形象，又代表着他们个人的个性特征。保守职场中最严格的要求体现在对军队、公安、海关及税务等部门机构统一着装的管理上，由于这些都属于国家极为重要的职能部门，制服的款式、颜色及徽帽、肩章等部分都暗示着其中就职的每一位人士为国家、为民族所负有的责任。

服饰隶属于哲学体系中的符号学范畴，每位在社会中出现的保守职场人士着装的得体度，都暗示着这个人在他人的心目中是否留下了一种被认同的符号。"相由心生、相随心生、境由心造"，一个人外在服饰的整体表达，是个人内在文化素养的外化及延伸。发达国家中在保守职场就职的人士，每周一到周五都穿着正式的职业服装上班，男性一般穿着西服；女性一般穿着职业套装（重要时段时穿着裙式套装，一般时段也可穿着裤式套装）。某些保守职场在自然主义的影响下，把每周五定为便装日、换装日。员工们不必穿着正式的职业服饰上班，但也不允许穿着过于随便的服饰，周五的便装日多年来一直是被职场人士认为不太容易把握分寸的时候。保守职场人士的服饰要点是应表现出简洁、严谨、端庄的风格。自我国加入WTO以来，许多保守职场的管理层在职业形象设计方面不仅对自己的着装十分重视，还严格要求员工在着装上更加国际化。目前，职场人士的着装概念已愈加强烈。（图1-1、图1-2）

图1-1

图1-2

1.2.2　非保守职场

1.创意职场

创意职场指文化界、各类媒体业界、广告业界、一般的教育界及商业、企事业界。非保守职场人士隶属于非强迫性着装管理的范畴。缘于职业定位的原因，在创意职场就职的人士，着装应突显出文化感、艺术感及创意感。在一般的工作时段中，他们的服饰风格以职业加休闲的状态为主。由于不属于强迫性着装管理的统一范畴，创意职场人士的着装其实更具有挑战性。如何依据自己的职业定位、个性定位、外形定位来选择服装，甚至考虑到季节、出席时间、场合及事由等因素，使自身形象与其相和谐，是现代职场人士的必修课。

创意职场人士应准备一两套接近保守职场穿着风格的正式服装，以应对重要场合的需要。在一般工作时段中也可以将正式的服饰与其他非正式的服饰相互搭配。比如，男士可以在正式西服内搭配羊绒衫、针织衫、马球衫等，下装可以穿着便西裤、卡其裤、牛仔裤等。女士可以在职业服装内搭配羊绒质地、莱卡质地、针织面料及真丝面料的内衫，下装也可以配牛仔裤、卡其裤、高腰裤及裙装等。

许多创意职场人士由于生活方式的原因，服饰表达具有准确、和谐的感觉，甚至可以在守规矩的前提下搭配出有创意的、新颖的、别具一格的效果。他们理解，在时尚与职业感觉之间，后者居首位，才会真正具有现代的风格。（图1-3、图1-4）

图1-3

图1-4

图1-5

图1-6

2．随意职场

随意职场人士在自我形象的把握中，拥有回旋余地最大、变通方式最多的优势。他们的工作性质使其不需要在着装上过多考虑，几乎可以跟着感觉走。但是也不能忽略形象所具有的自我暗示的心理作用，即使自己的职业性质是自己不需要在社会中过多地出现、与他人交流，但舒服、得体的着装可以让自己满意自己，自己欣赏自己。在现实社会中，"男、女已为己容"早已是大家一致认同的新理念了。（图1-5、图1-6）

人们对形象的审美分为几种不同的层次。第一种层次：自我形象属于随意之后的随意状态。这类人一般不考虑形象的概念，我行我素。在竞争时代，由于存在形象的误区，可能就会丧失机会，可能会得不到社会的认同，甚至会影响到工作单位的整体形象。这种层次的人表现出的是不与时俱进、观念滞后的状态。第二种层次：自我形象属于刻意之后的刻意状态。有些人将着装认为是自己的经济能力的表现，非名贵不买，非名牌不穿，盲目地按照时尚刊物中的服饰概念或时装发布会上的服饰信息来装扮自己，不了解时尚发布会和刊物中的服饰仅是一种对时尚的引领、预测，不太适合在日常生活中穿着，也不了解"时尚的最终命运，只可能是被新的时尚来取笑"的深刻道理。有的人即使全身频频更换昂贵的名牌服饰，在别人的眼中还是缺乏品味。第三种层次：自我形象属于刻意之后的随意状态。这需要一种很高的精神境界，不论自己先天有无资质，生活中都会勤于学习。这类人很愿意学会生活。和谐的形象表达是在了解自己的前提下创造出的最佳状态。这类人已领悟到做准自己最难、做准自己最快乐的生命最高境界。

1.3 职业形象设计基础知识

就个人的整体形象而言，容貌是整个仪表中的一个至关重要的环节。它反映着一个人的精神面貌、朝气和活力，是传达给接触对象感官最直接、最生动的第一信息。它既可以使人看上去精神焕发、神采飞扬，也可以使人看上去萎靡、疲倦、无精打采。所以说，塑造良好的自我形象，首先应当考虑的就是仪容。在服务工作场所中，只有心情舒畅，保持积极向上的精神状态，才会使容貌趋于完美。

1.3.1 面部修饰

对面容最基本的要求是：时刻保持面部干净清爽，无汗渍和油污等不洁之物。修饰面部，首先要做到清洁。清洁面部最简单的方式就是勤于洗脸。午休、用餐、出汗、劳动或者外出之后，都应立刻洗脸。

1．眼部

应注意以下几点：

①清洁。眼部分泌物要及时清除。

②修眉。为避免刻板或不雅观，可进行必要的修饰。但尽量不要文眉，更不要过度剃眉毛。

③墨镜。戴墨镜出现在各类服务或正式场合，会显得不伦不类，或有拒人于千里之外之嫌。所以，在服务工作过程中不应佩戴墨镜。

2．耳朵

应注意以下几点：

①保洁。平时洗澡、洗头、洗脸时，应安全地清洗一下耳朵，及时清除耳朵中的分泌物。

②修耳毛。个别人士耳毛生长得较快。当耳毛长出耳孔之外时，就应进行修剪。

3．鼻毛

应注意以下几点：

①修鼻毛。应经常适当地修剪长到鼻孔外的鼻毛。

②干净。鼻腔要随时保持干净，不要让鼻涕或别的东西充塞鼻孔。

4．嘴部

应注意以下几点：

①清洁口腔。牙齿洁白，口腔无异味，是对口腔的基本要求。为此应坚持每天早、晚刷牙。尤其是饭后一定要刷牙，去除残渣、异味。另外，在重要应酬之前忌食蒜、葱、韭菜、萝卜、腐乳等可让人口腔发出刺鼻气味的东西。

②清除胡须。在正式场合，男士留着乱七八糟的胡须，一般会被认为是很失礼的，而且会显得邋遢。个别女士因内分泌失调而长出的汗毛，应及时清除，并予以治疗。

③禁止异响。在社交场合，包括嘴、鼻子及其他部位发出的咳嗽、哈欠、喷嚏、吐痰、吸鼻、打嗝、放屁等不雅之声统称为异响，应当禁止出现。禁止异响，重在自律。如果不慎弄出了异响，要向身边的人道歉。

5．脖颈

应注意以下几点：

①清洁。不要只顾着脸上干干净净，而忽视了对脖子的照顾。脖子，尤其是脖后、耳后，绝不能成为"藏污纳垢"的地方。

②护肤。脖子上的皮肤细嫩，应给予相应的呵护，防止其过早老化。

1.3.2　肢体修饰

1．对手臂的要求

手臂是肢体中使用最多、动作最多的部分，要完成各种各样的手语、手势。因此，难免得到众多目光的眷顾。如果手臂的"形象"不佳，整体形象将大打折扣。手臂的修饰，可以分为手掌、肩臂与汗毛三个部分。

（1）手掌

手掌是手臂的中心部位和关键部位。对它的修饰必须注意以下几点：

①干净。在日常生活中，手是接触他人和物体最多的地方。从清洁、卫生、健康的角度来看，手应当勤洗。餐前便后、外出回来及接触到各种东西后，都应及时洗手。

②修剪指甲。手上的指甲应定期修剪，最好每周修剪一次。手指甲的长度以不超过手指指尖为宜。

关于指甲，需注意以下几点：

①不留长指甲。从业人员由于工作场合的要求，不宜留长指甲。一方面是由于工作的需要，比如打字员如果留着长指甲则不便操作，而服务行业人员如果留着长指甲则不利于卫生；另一方面，工作时留着长指甲容易转移注意力。

②不涂画艳妆。从业人员不应涂艳丽的指甲油。出于养护指甲的目的，可以涂无色指甲油。为了美观和时尚而在指甲上涂彩色指甲油或在指甲上进行艺术绘画，对于从业人员来说容易造成本末倒置之感，让其他人难以接受。在手臂上刺字、贴画、文身更不允许。

③健康。对于手部要悉心照料，不要让它处于不健康的状态。发现死皮后，应立即将其修剪掉，但不要当众进行，更不要用手去撕，或用牙去咬。手部皮肤粗糙、红肿、皲裂，要及时护理、治疗。若长癣、生疮、发炎、破损、变形，不仅要治疗，还要避免接触他人。

（2）肩臂

在正式的社交及服务场合中，手臂，尤其是肩部，不应当裸露在衣服之外。

（3）汗毛

由于个人生理条件不同，个别女性手臂上的汗毛生长得过浓或过长。对于这种情况，最好是采用适当的方法进行脱毛。在他人面前，尤其是在外人或异性面前，腋毛是不应为对方所见的。否则，即为失礼。女士要特别注意这一点。

2．对腿部的要求

腿部在近距离之内为他人所注目。因此，对腿部的修饰必不可少。腿部的修饰，主要应注意脚部、腿部和汗毛三部分。

（1）脚部

修饰脚部，要注意以下三部分：

①裸露。在服务工作场合不允许光脚穿鞋子，而且使脚部过于暴露的鞋子（如拖鞋、凉鞋）也不能穿。

②清洁。注意保持脚部的卫生，保证脚无味。在非正式场合光脚穿鞋子时，要确保脚的干净、清洁。

③脚趾。脚趾甲要勤于修剪，最好每周修剪一次。趾部通常不应露出鞋外。在服务工作中应该穿着以包住趾头的鞋为好。

（2）腿部

在服务工作场合，不允许男士暴露腿部，即不允许男士穿短裤。

在服务工作场合，女士可以穿长裤、裙子，但不得穿短裤，或是暴露大部分大腿的超短裙。

女士在正式场合穿裙子时，不允许光着大腿，并且不允许袜子以外的腿部暴露在裙子之外。

图1-7

（3）汗毛

男子成年后，一般腿部的汗毛都很浓密，所以在服务工作中不允许穿短裤或卷起裤管。

女士的腿部汗毛如果过于浓密，应脱掉或剃掉，或选穿深色丝袜加以遮掩。在没有脱掉或剃掉过于浓密的汗毛之前，切忌穿浅色的透明丝袜。

3．手部的护理

女性的双手，最容易泄露年龄的秘密。尤其经过了冬春两季，湿度的下降会导致双手肌肤变得粗糙甚至开裂、脱皮。夏天，想回复完美无瑕的纤纤玉手，你需要做的功课就来了。（图1-7）

（1）深层清洁

选择含有蛋白质的磨砂膏混合手部护理乳液，按摩手背和掌部，蛋白质及磨砂粒能帮助深层清洁皮肤，去除死皮和促进细胞新陈代谢。

（2）舒缓修护

将有舒缓作用的手部修护乳涂抹于手部，注意选择含有维生素及蛋白质的产品，能帮助促进细胞新陈代谢及迅速改善皮肤弹性，令皮肤回复柔软润泽。

（3）手部按摩

将偏油性的润肤膏涂抹于手背上的指节及粗糙部位，可软化粗糙皮肤及关节部位的皮肤，还能起充分滋润防护作用。再混合护手霜及手部按摩油并按摩双手。

（4）深层护理

涂上手膜后，用保鲜纸、热毛巾或棉手套包裹约10 min，有助于巩固皮下组织及深层滋润肌肤。

（5）完美保护

最后涂搽防皱润肤霜，加强润泽肌肤及锁紧已经吸收的养分，让双手皮肤迅速回复娇嫩柔滑。

1.3.3　化妆修饰

化妆是生活中的一门艺术，适度而得体的化妆，可以体现女性端庄、美丽、温柔、大方的独特气质。女性在政务、商务和社交生活中，用化妆品来装扮自己，以达到振奋精神和尊重他人的目的。

对一般人来讲，化妆的最实际的目的，是为了对自己的容貌上的某些缺陷加以弥补，以期扬长避短，使自己更加美丽，更为光彩照人。经过化妆之后，人们大多都可以拥有良好的自我感觉，身心愉快、振奋精神，缓解来自外界的种种压力，而且可以在人际交往中，表现得更为开放，更为自尊自信，更为潇洒自如。

1．职业化妆的原则

职业人士特别是女员工一般应进行适当的化妆，这一基本要求，被归纳为"化妆上岗，淡妆上岗"。所谓"化妆上岗"，即要求职业人士在上岗之前，应当根据岗位及礼仪的要求进行化妆。所谓"淡妆上岗"，则是要求职业人士在上岗之前的个人化妆，应以淡雅为主要风格。

（1）"扬长避短"原则

职业人士应当明确化妆的目的和作用：扬长避短、讲究和谐、强调自然美。

面容化妆要根据自己的工作性质、面容特征来进行。一定要讲究得体和谐，浓妆艳抹、矫揉造作会令人生厌。要使化妆符合审美的原则，应注意以下几点：

①讲究色彩的合理搭配

色彩要求鲜明、丰富、和谐统一，给人以美的享受。要根据自己的面部肤色，选择化妆品。女士一般希望将面部化得白一点，但不可化妆过度以至于完全改变肤色，应与自己原有肤色恰当地结合，才会显得自然、协调。因此，最好选择颜色接近或略深于自己肤色的化妆品，这样较符合当今人们追求的自然美。

②依据自己的脸型合理调配

如脸宽者，色彩可集中一些，描眉、画眼、涂口红和腮红都尽量集中在中间，以收拢、缩小面积，使脸型显得好看。眼皮薄者，眼线描浓些会显得眼皮厚；描深些会显得更有精神。涂抹胭脂时，脸型长者宜横涂；脸型宽者宜直涂；瓜子形脸则应以面颊中偏上处为重点，然后向四周散开。

（2）"强调自然美"原则

如眉毛天然整齐细长、浓淡适中，化妆时可以不描眉；脸型和眼睛形状较好的可不画眼。如果有一双又黑又亮的大眼睛和长长的睫毛，就没有必要对眼睛去大加修饰，因为自然也有一种魅力。

（3）"整体协调"原则

职业化妆应注意整体的配合。一方面，妆面的设计在用色上应充分考虑化妆对象的自身条件以及与发型、服饰的配合，使之具有整体的美感；另一方面，在造型化妆设计时还应考虑化妆对象的气质、性格、职业等内在特征，取得和谐统一的效果。

2．职业化妆的注意事项

（1）在工作岗位中，应当化以淡妆为主的职业妆。淡妆的主要特征是简约、清丽、素雅，具有鲜明的立体感。

（2）在工作中，应当避免使用芳香型化妆品。使用任何化妆品都不能过量，就芳香型化妆品而言，尤其是对这一类型的代表——香水而言，更应当铭记这一点。化妆与为人处世一样，都要含蓄一些，才有魅力，才有味道。

（3）在工作中，应当避免当众化妆或补妆。

（4）在工作中，应当力戒与他人探讨化妆问题。

（5）在工作中，应当避免自己的妆面出现残缺。

2 化妆材料与工具

2.1 化妆品的分类和应用

化妆品是指以涂敷、揉搽、喷洒等不同方式施于人体皮肤、毛发、口唇和指甲等部位，起到清洁、保护、美化（修饰）等作用的日常生活用品。

2.1.1 脸部的彩妆品

1．妆前乳液（隔离霜）

（1）什么是隔离霜

隔离霜对皮肤的保护起着举足轻重的作用，隔离霜使用的时间应在护肤之后和化妆以前，能对皮肤起到很好的滋润作用，使妆容效果更加服帖。另外，隔离霜对紫外线和尘垢也有很好的隔离作用。

（2）隔离霜的功能

①隔离彩妆

彩妆用品对皮肤有一定的伤害，经常使用彩妆用品会直接导致皮肤晦暗，缺乏健康光泽，肤质松弛，滋生暗疮。在化妆前使用隔离霜就是为了给皮肤提供一个清洁温和的环境，形成一个抵御外界侵袭的防备"前线"。

②防晒、隔离空气中的尘垢

在不上任何彩妆用品的时候，空气中的尘垢以及强烈的紫外线都会对皮肤造成伤害，而隔离霜的又一功能就是隔离这两大不可抗拒的自然因素。

③调整肤色

绿色隔离霜：在色彩学中，绿色的互补色是红色。绿色隔离霜可以中和面部过多的红色，使肌肤呈现亮白的完美效果。另外，还可有效减轻痘痕的明显程度。适合偏红肌肤、有痘痕的肌肤。

紫色隔离霜：在色彩学中，紫色的互补色是黄色。因此，紫色最具有中和黄色的作用。它能使皮肤呈现健康明亮、白里透红的色彩。适合普通肌肤、稍偏黄的肌肤。（图2-1）

肤色隔离霜：肤色隔离霜不具调色功能，但具有高度的滋润效果。适合皮肤红润、肤色正常的人以及只要求补水防燥，不要求修容的人使用。（图2-2）

（3）品牌隔离霜介绍

①姬芮（真皙）Za　②兰芝Laneige　③碧欧泉Biotherm
④欧莱雅L' OREAL　⑤泊美PURE　⑥倩碧Clinique　⑦梦妆Mamonde
⑧雅漾Avene　⑨植村秀Shu Uemura

2．底色化妆品

（1）粉底

底妆是一切美丽的基础。底妆的精致、持久和完美，一直都是彩妆美人们最本质和最挑剔的追求。一个完美的底妆离不开粉底的选择与合适的使用手法，它能够很好地调整肤色和增强面部的立体感。

图2-1

图2-2

粉底根据质地来分，可分为液态粉底、霜状粉底、固态粉底、干湿两用粉饼。

①液态粉底

液体粉底的配方较轻柔，紧贴皮肤，由于水分含量最多，具有透明自然的效果。其优点在于与肤色融合自然，使肌肤看起来细腻、清爽，不着痕迹。其缺点在于单独使用容易脱妆，对瑕疵的遮盖效果不够好。液态粉底适用于油性、中性、干性的皮肤。油性皮肤要选择水质的粉底，中性皮肤则宜选择轻柔的粉底，干性皮肤可以选用有滋润作用的粉底。（图2-3）

②霜状粉底

霜状粉底有修饰作用，它属于油性配方，粉底效果有光泽，有张力。其优点在于其滋润成分特别适合干性皮肤，更能掩饰细小的干纹和斑点，在脸上形成保护性薄膜。其缺点是长时间使用容易阻塞毛孔，影响皮肤呼吸顺畅。霜状粉底适用于中性、干性、特干性皮肤。（图2-4）

③固态粉底

现在的固体粉底是以前的油彩粉底经过改良之后的产品，大大降低了厚重感，优质的固体粉底遮盖效果好且质地细腻，保湿、清爽。其优点在于干爽细腻，颜色均匀，美化毛孔，同时方便随时使用。其缺点是比较液态及霜状粉底，固态粉底的质地相对较厚，妆容不够自然，化妆的痕迹感比较重，并且肤质粗糙者涂上去后会粘连角质层。固态粉底一般适合各种肤质。（图2-5）

④干湿两用粉饼

干湿两用粉饼分为干面和湿面两种，分别由干粉和湿粉构成，质地细腻，效果明显。其优点在于使用方便，将干粉底扫在面上，能修饰妆容，显得自然通透，而用湿润了的粉扑扑上粉底，则可以营造出细致、清爽的效果。其缺点在于经常使用会使皮肤变得干燥。干湿两用粉饼适用于油性及中性皮肤。（图2-6）

图2-3　　　　　　　　　　　图2-4　　　　　　　　　　　图2-5

珠光白
适合：白皙肤色or提亮效果

象牙白
适合：白皙肤色

自然色
适合：大众肤色

图2-6

粉底按光泽来分，可以分为珠光粉底和哑光粉底两种：

①珠光粉底

珠光粉底顾名思义就是带有珠光效果的粉底，适合状态不好的皮肤。其优点在于珠光粉底涂在脸上能够产生镜面效果，能够隐藏细纹和小瑕疵，使皮肤看起来更具光泽感，有提亮肤色的作用，皮肤状态比较暗淡无光的人尤其适合珠光粉底。而其缺点是珠光粉底的镜面效果会有反光和放大的作用，因此脸部较大及有肉感的人不适合选用珠光粉底，且珠光粉底不适合拍照时使用。

②哑光粉底

哑光粉底适用于状态较差的皮肤，能有效平衡油脂分泌，改善肤质，并具有防汗功能，清爽柔和，保持全天的清新妆容。能使肌肤呈现自然娇嫩的状态。有收缩的效果，适合暴露在灯光前，适合拍MTV、杂志与影视，适合平面拍摄。

品牌粉底介绍：

①M.A.C彩妆（1985年创立于加拿大，雅诗兰黛旗下，具有世界影响力的品牌）

②芭比波朗BOBBI BROWN（雅诗兰黛集团旗下专业彩妆品牌。以干净、清新、时尚的裸妆理念闻名全球，深受好莱坞明星的喜爱与追捧。产品包含彩妆、底妆、刷具、护肤系列）

③RMK（日本著名粉底彩妆品牌，在日本被最多人使用）

④香奈儿CHANEL（1913年创立于法国巴黎）

⑤美宝莲纽约Maybelline New York（美国品牌，法国欧莱雅集团旗下品牌，美宝莲纽约在世界大众彩妆品牌的领先地位，成就于它彩妆产品的多样性和高品质。美宝莲纽约的粉底有十几种之多，适合各种皮肤使用）

⑥欧莱雅L' OREAL（世界十大化妆品集团之一）

⑦兰芝Laneige（韩国最大化妆品集团（太平洋集团）旗下品牌）

⑧倩碧Clinique（1968年创立，世界顶级化妆品品牌）

⑨植村秀Shu Uemura（创立于日本，欧莱雅旗下品牌）

⑩海蓝之谜LA MER（雅诗兰黛集团旗下顶级化妆品品牌，该品牌在超过43个国家和地区销售）

（2）遮瑕膏

遮瑕膏是有着特殊用途的粉底。其不同之处在于遮瑕膏比粉底的遮瑕效果更为明显，其成分与膏状粉底相似。每个人的脸上都会有不同程度的小瑕疵，如色斑、痘印、黑眼圈、粉刺等，这些瑕疵都可以通过遮瑕膏来遮盖。专业的遮瑕膏一般为盒装遮瑕膏，盒装遮瑕膏一般内装四种不同的颜色：紫色、橘色、浅肤色、深肤色。紫色遮瑕膏主要用于红血丝、正在发炎的粉刺、青春痘，总体来说适合发红的瑕疵。橘色遮瑕膏主要作用于黑眼圈，暖暖的橘色能够综合眼圈周围发青的黑色。而肤色遮瑕膏主要作用于较深颜色的色斑、痘印、痣等。（图2-7）

（3）散粉

散粉即为定妆粉。定妆粉顾名思义主要作用是定妆。它能够吸收掉多余的油脂，全面调整肤色，令妆容更柔滑、细致，并可保持妆容的持久。（图2-8）

图2-7

DANNI

图2-8

（4）腮红

腮红是修饰脸型、美化肤色的最佳彩妆用品。腮红的颜色在职业妆容中以红色系为主。腮红从状态上分，可分为液态腮红、粉状腮红和膏状腮红。液态腮红水分含量较高，在使用时较容易晕开，效果自然柔和，使脸蛋由内至外自然透出红润，是近几年新开发的一种彩妆用品。粉状腮红与腮红刷配合使用，较容易扫匀，适用于油性肤质的人群，干性肤质的人慎用。膏状腮红还有一定的油分，其质地与粉底膏相同，其油性质地容易更好地将色彩与皮肤贴合，需在定妆前使用，效果更加自然、有光泽，适用于干性肤质的人群。（图2-9）

图2-9

2.1.2 眼部的彩妆品

1．眉毛彩妆用品

（1）眉笔：眉笔从其形态上来区分，主要分为铅笔式眉笔和推管式眉笔两种。推管式眉笔在使用时需将笔芯推出来画眉。常用的眉笔的颜色有棕色、深棕色、灰色及黑色。适合于初学者使用。（图2-10）

（2）眉粉：眉粉是粉状的眉毛彩妆用品，其外形与眼影相似，通常我们在市面上所见到的眉粉主要有棕色与灰黑色两种颜色。（图2-11）

（3）染眉膏：染眉膏可以调整或者改变眉毛的颜色，适用于眉毛较浓的人群。如果头发染有颜色，而浓黑的眉毛与头发的颜色很不搭配，染眉膏则可以帮助调整眉毛的颜色使之与头发的颜色统一和谐。在调整颜色的同时，染眉膏的膏状物质还可以将杂乱的眉毛梳顺，使眉毛更加整洁、富有立体感。（图2-12）

图2-10

图2-11

图2-12

图2-13

图2-14

图2-15

图2-16

图2-17

2．眼影

眼影是用于眼周的彩妆用品，通过颜色与光线的关系将眼睛打造出立体感，使眼睛看起开更大、更深邃、更迷人。（图2-13）

眼影从色泽上来区分，可分为珠光眼影和哑光眼影。珠光眼影是指将眼影中加入银或珍珠亮粉，其亮泽度比一般的眼影更亮。珠光眼影较适合时尚妆容，在眼睛上使用会达到光彩闪耀的效果。哑光眼影是指没有添加任何闪光效果的眼影，是最常见的一种眼影，也是最好把握的一种眼影，适合所有人群，又被称之为"百搭眼影"。在职业妆容中主要推荐使用哑光眼影。

眼影从质地上来区分，可分为粉状眼影、膏状眼影、眼影笔。粉状眼影是最常见的眼影，也是使用最广泛的眼影。膏状眼影油脂含量较高，其质地为油状，在使用时需用无名指指腹来推开。眼影笔是将眼影做成笔的形状，这类眼影适合携带，可用于补妆，但使用眼影笔打造出来的眼妆较生硬，边缘线清晰，痕迹感重，一般在专业彩妆中不提倡使用眼影笔。

3．眼线

眼线用品从质地上可分为眼线笔、眼线膏、眼线液。

眼线笔外形看上去如铅笔，笔芯较软。眼线笔的优点在于打造出的妆容自然、柔和，在技法上比较好掌握，特别是在打造下眼线时更加容易掌控，适合初学者使用（图2-14）。眼线膏就是膏状的眼线产品。眼线膏是近几年来最受造型师青睐的一款眼线产品，它有易上色，妆容自然、持久，质感表现力强，能够和眼影更好地融合等众多优点（图2-15）。眼线液在打造眼妆时有持久性好、不易脱妆的优点。在使用眼线液时眼妆线条流畅、突出、清晰，正是因为有这样的特点才使得眼线液不易与眼影融合在一起，而显得眼线太过突出，过渡不自然。另外，眼线液的液态质地使线条描绘不好掌控，一旦出现错误需要修改时，眼线液还有不易修改的缺点，因此不太适合初学者使用（图2-16）。

4．睫毛膏

睫毛膏从功能上来区分，主要分为睫毛打底膏、浓密型睫毛膏和纤长型睫毛膏。

睫毛膏从颜色上来区分，可分为透明睫毛膏、黑色睫毛膏和彩色睫毛膏。透明睫毛膏是指没有任何染色效果的睫毛膏，其主要功能在于能够较长时间地维持睫毛的卷度和弹性，适用于睫毛天生较好者或喜欢自然淡妆的人群。（图2-17）

2.1.3 唇部彩妆品

唇部彩妆品从质地上可分为唇膏、口红、唇彩、唇蜜。

唇膏能够修饰唇形，具有改善唇色，调整、滋润及营养唇部的作用。唇膏分为粉质唇膏和油质唇膏两种。口红具有色彩饱和度高的特点，通常有丰富华丽的感觉，极具女人味，且携带涂抹起来方便，适合任何唇形、任何年龄使用。唇彩质地透明，直接可拿唇棒涂抹双唇，或直接用唇笔蘸取涂抹，不需要强调唇线。唇蜜一般来说，颜色都非常淡，属于啫喱型，视觉效果是晶莹剔透。（图2-18）

唇线笔主要用于勾画唇部的轮廓，有两大作用：塑造更加完美的唇形和防止口红晕开。唇线笔一般搭配色彩饱和度较高的唇膏和口红来使用，特别对于初学者应先用唇线笔仔细地勾勒出完美的唇形后，再将唇膏或口红涂在嘴唇上，这样能够保证唇线的对称与完整。（图2-19）

综上所述，初学者必备的彩妆用品如下：

隔离霜、粉底（粉底液、粉底霜、粉底膏）、散粉、眼影、眼线（眼线笔、眼线膏、眼线液）、睫毛膏、眉笔、腮红、唇膏。

图2-18

图2-19

2.2 化妆工具介绍

一个美丽的面妆当然离不开各种各样的化妆工具。化妆工具主要分为底妆工具、眼妆工具和唇妆工具。

底妆工具有湿粉扑、干粉扑、粉底刷、散粉刷、腮红刷、遮瑕刷、鼻影刷、余粉刷、化妆喷枪；眼妆工具有眉拔夹、修眉刀、修眉剪、睫毛夹、眉刷、假睫毛、眼影刷、美目贴、双眼皮胶水、眼影棒、眼线刷；唇妆工具有唇刷和唇印。

2.2.1 底妆工具

1．粉扑（图2-20）

（1）湿粉扑

湿粉扑为海绵材质，用来上粉底。一般有四方形、圆形、三角形和葫芦形。圆形海绵的特点是质地稍硬，面积大，适合在额头和两颊的位置大面积打底。而三角形和葫芦形海绵质地要细致些，适合在眼角、鼻翼和嘴角等局部打底。使用不同形状的海绵打底可以使得底妆更加细致。

各种形状海绵的用法如下：

①四方形（长条形）（图2-21）

四方形海绵是最万用、最普遍的一款。大平面可以用来快速推粉，无论是粉底液、蜜粉或腮红都可以用，均匀效果则主要取决于质地密集程度。而四方形海绵的另一个好处是，有六个上妆面，可以分别用来处理不同色号，一块海绵便可完成底妆、阴影、提亮、腮红等不同步骤的需求。

图2-20

图2-21

图2-22

图2-23

②圆形（椭圆形）（图2-22）

上粉快速，颜色过滤效果好，用来上腮红或打阴影，都快且自然。适合熟练人士，更可利用按压滚轮手法快速压出苹果肌效果。

按压效果好，能用少分量的粉底液即可达到均匀肤色的效果，且妆容效果更服帖，大大节省粉底产品的消耗速度。

③三角形（图2-23）

三角形的锐角切边，适合需要精细处理的地方。例如上眼妆或是修改眼线，以及清洁眼睫毛液的晕化。

④葫芦形（图2-24）

大圆葫芦较平的底部用来推粉底，印油光；大葫芦侧面则用来打腮红；上部的小葫芦可以用来上眼影；葫芦顶部会有一个小小的尖形凸起，用来画眼线刚刚好。

（2）干粉扑（图2-25）

干粉扑为丝绒或棉布材质，粉扑上有个手指环，便于抓牢而不易脱落，可防手汗直接接触面部，使肤质不油腻反光，而是显得均匀温和。

（3）粉扑的选择

制作粉扑的材质有很多种，市场上以化纤或混纺材质为多。皮肤敏感的人最好是使用100%棉质粉扑，以减少对皮肤的刺激。

清洁方法：

①先将粉扑彻底弄湿；

②再取适量适合中性肌肤的卸妆乳、肥皂、洁面乳等互相摩擦至起泡；

③不断重复按粉扑，至粉扑上湿粉完全洗去；

④放于通风位置自然风干即可。

保养方法：

①粉扑清洗之后，不要用手拧，要用毛巾卷起拧出多余的水分，然后在阴凉处彻底晾干。

②如果清洗之后粉扑与皮肤的触感变得不再柔软舒适，边缘呈现破碎状时，就该换新的了。

③尽量将粉扑独立地装在一个盒子里，以保持其清洁，不与其他彩妆品混色。

2．粉底刷（图2-26）

粉底刷的选择：

①软硬度要偏硬、有弹性。

图2-24

图2-25

图2-26

图2-27   图2-28   图2-29

②刷毛密度要丰厚紧密。

③刷毛宽幅约4 cm。

④刷毛长短约5 cm。

⑤毛型要成斜梯形。

⑥握柄要顺手好拿。

⑦材质最好挑选貂毛或合成纤维。不吸水、高延展度，是合成纤维刷毛的最大优点。而且它释放粉底液的功能极佳，可以很稳定地随着笔刷运作释放出均匀的粉底液，零浪费地把粉底用到一滴不剩。

3．散粉刷（图2-27）

（1）散粉刷的分类

①大圆头散粉刷：主要用于散粉大面积涂抹达到定妆的效果（图2-28）。

②小圆头散粉刷：多用于蜜粉、闪粉达到提亮与修饰肤色的作用（图2-29）。

③斜三角散粉刷：多用于高光和修容使面部更加有立体感（图2-30）。

（2）散粉刷的选择

散粉刷在挑选的时候，应该放在脸上或者手背上试用，没有刺激感的散粉刷质量会比较好。好的散粉刷，毛质的部分柔滑，毛的排列整齐，有弹性而且厚实。蘸取散粉的时候抓粉能力强，而且抓粉均匀。这样的散粉刷，才是好的散粉刷。

图2-30

4．腮红刷（图2-31）

自然柔和的妆容：选用柔软的刷毛比较好，首选是灰鼠毛的，其次上等的小马毛也不错。由于刷毛柔软、弹性较差、抓粉能力相对较弱，所以每次取粉都不会很多，上色的时候容易把握，每次少量地往脸上刷，可以达到非常自然的晕染效果。

图2-31

色彩强烈鲜明的妆容：选用稍硬的腮红刷，这种腮红刷取粉多、用色范围精确、上妆迅速，对腮红位置和形状的手法把握要求较高，可以选用粗光锋羊毛质地的，还有很多牌子的尼龙纤维刷质量也不错。纤维刷的特点是容易保养，刷毛软硬度和弹性都适中。

5．遮瑕刷（图2-32）

遮瑕刷的精细刷头能刷到难以触及的部位，使用遮瑕刷配合遮瑕产品遮瑕效果更均匀自然。

6．鼻影刷（图2-33）

鼻影刷是用于打造鼻部阴影的化妆工具，通过鼻影的打造能够使鼻子更具立体感，更加挺拔。

7．余粉刷（图2-34）

主要有尼龙扇形刷、羊毛扇形刷和貂子毛扇形刷三种。

①尼龙扇形刷：弹性较佳，附着力稍差，毛峰较稀疏，扫粉效果较差，一般用于教学。

②羊毛扇形刷：弹性较差，毛峰密度较高，扫粉效果较好，广泛用于教学和专业化妆。

③貂子毛扇形刷：毛料光滑而富有弹性，触感好，附着性佳，毛峰密度高，外观漂亮，适用于教学和专业化妆。

8．底妆化妆刷的清洁与保养

在清洗化妆刷的过程中，首先挤一点洗发水到器皿中，再把化妆刷在水龙头底下淋湿，并在器皿内沾点洗发水；然后把化妆刷在手掌上来回刷几下，眼影之类的彩妆残留物就会被刷出来。还可以使用手挤一下化妆刷头，将刷头里的脏水挤掉；接着继续在水龙头下清洗其他的刷子，最后将所有清洗完的化妆刷一起过水，如果觉得不干净可以重复之前清洗的步骤。

清洗完化妆刷后，将它们放在纸巾上，再用棉质毛巾包起来压一下，尽可能把化妆刷刷头的毛压干一点；压干后再把化妆刷取出来，会发现有些毛刷又出现分叉的现象；然后取一张纸巾，撕出直径为6 cm的纸巾下来，再对折，把刷子包起来，注意要包在金属的部分，越紧越好；再使用透明胶带在纸巾外围绕一圈固定，注意包紧实点、牢固点，然后向前推，包住刷毛的部分，要包在化妆刷金属的部分，推到刷毛上包住；最后找个发带或橡皮筋将其固定。

图2-32

图2-33

图2-34

将化妆刷的刷杆绑住，然后找个地方挂起来晾干就可以了。但要记得刷毛晾干的时候要朝下，不能朝上，不然水会倒流使刷杆和金属的地方脱胶。一般眼部化妆刷晾一晚上就能干透，而脸部化妆刷则要看天气，通常夏天一晚上可以晾干，而冬天就不一定。拿掉晾干后的化妆刷纸巾套后，化妆刷看上去会像有点湿了的样子，只要用手指把刷毛来回拨一下，化妆刷就会自然蓬松起来，恢复和新刷子一模一样的形状。

图2-35

9．化妆刷的品牌介绍

①BOBBI BROWN 芭比波朗粉底刷

②M.A.C 时尚粉底刷

③MAKE UP FOR EVER 浮生若梦粉底刷

④MAKE UP FOR EVER 浮生若梦中号腮红刷

⑤MAKE UP FOR EVER 浮生若梦双头修容刷、精准蜜粉刷、中号精准粉底刷、腮红刷

⑥MAKE UP FOR EVER 浮生若梦腮红粉底多用化妆刷

2.2.2 眼妆工具

图2-36

1．眉拔夹（图2-35）

（1）眉拔夹的选择

钳头应平整没有空隙，钳身不能太短，否则使不上力。镊子口最好是斜面的，便于控制和操作。

（2）眉拔夹的保养方法

每星期都要用酒精棉棒清洗钳口，不用的时候要记得戴上小帽子。

2．修眉刀（图2-36）

修眉刀又名刮眉刀，是一种美容工具，通常选用优质塑料和刀片制作而成。修眉刀能帮助修除多余的眉毛，不留痕迹，刀头小巧易于掌握，能有效修整你的眉毛，带有防护网，因而不会弄伤你娇嫩的肌肤。

图2-37

3．修眉剪（图2-37）

修眉剪的保养方法为：

如刀刃口部不干净或带有水分长期放置的话，会容易生锈。因此，使用完后，请用干抹布擦干净，放置于通气低温的地方，长时间不使用的话，请在刀刃口擦上防锈油。

4．睫毛夹（图2-38）

睫毛夹的保养方法为：

跟睫毛接触的橡皮垫是最容易脏的部位，每次使用后都应用纸巾擦去所有污垢，每隔一星期还要用酒精棉棒擦拭。另外，夹睫毛时太用力也会影响橡皮垫的寿命，所以要轻柔些。

睫毛夹上的橡皮垫3~6个月就会老化，如果出现裂纹，就应更换新的，以免伤害睫毛。

5．眉刷

（1）眉刷的分类

①牙刷型眉刷：大部分是由尼龙或人造纤维制成的斜刷头硬刷。修眉及画眉前可用眉刷将眉毛扫整齐，画眉后以眉刷顺眉毛方向轻扫，可使眉色自然，眉形整齐。刷完睫毛膏之后，使用此刷头将睫毛刷成根根分明的效果，

图2-38

图2-39

图2-40

图2-41

刷除结块部分。（图2-39）

②螺旋型眉刷：有两个作用。一个作用是刷掉多余的眉粉，另一个作用是刷开睫毛上的结块物。（图2-40）

③斜角型眉刷：分成硬毛眉刷与软毛眉刷两种。软毛眉刷用于蘸取粉状的画眉产品，硬毛眉刷用于蘸取带蜡状的画眉产品。（图2-41）

（2）眉刷的保养

每次在使用完眉刷后，一定要进行彻底的清洁。使用温和的专用清洗剂除了可以有效清除残留粉妆外，还能滋润保养细致的刷毛，保持刷毛的蓬松与柔软。

6．假睫毛

（1）假睫毛的分类

按材质分为：真人毛发的，仿真纤维的；

按颜色分为：黑色，棕色，羽毛彩色；

按款式分为：整副直线型，交叉型，分散型，撮型，混合型。（图2-42~图2-46）

（2）假睫毛的保养

假睫毛虽然纤细精美，却很脆弱，因此，使用时要特别小心。从盒子里取出时，不可用力捏着它的边硬拉，要顺着睫毛的方向，用手指轻轻地取出来；从眼睑揭下时，要捏住假睫毛的正当中"唰"的一下子拉下，动作干脆利索，切忌拉着两三根毛往下揪。用过的假睫毛要彻底清除上面的粘合胶，并整整齐齐地收进盒里。注意不要把眼影粉、睫毛油等粘到假睫毛上，否则会弄脏、毁坏假睫毛。（图2-47）

图2-42

图2-43

图2-44

图2-45

图2-46

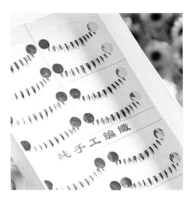

图2-47

7. 眼影刷（图2-48）

眼影刷用于眼部眼影的晕染。根据不同的眼影范围选择不同大小的眼影刷。大的眼影刷在大范围上色时使用，如眼皮打底、上色，或者用来糅合各色眼影。小的眼影刷，尤其是刷头紧密、有角度的眼影刷，可以用来加强眼睛的轮廓。

（1）眼影刷的分类

①斜角眼影刷：刷长17.0 cm、毛长1.4 cm，适合眼角部位，也可用作眉刷。（图2-49）

②大号眼影刷：刷长16.0 cm、毛长2.0 cm，毛尖经过圆锥形处理，柔顺、整齐。用于大面积的涂抹，抓粉能力强，上色极为均匀。（图2-50）

③中号眼影刷：刷长16.6 cm、毛长1.8 cm，适合眼部中小细节处理，柔韧有度，抓粉能力强，上色极为均匀。（图2-51）

④小号眼影刷：刷长16.5 cm、毛长1.5 cm，适合眼部细节处理，配合大号、中号眼影刷则更加完美。（图2-52）

⑤均粉眼影刷：刷长17.0 cm、毛长1.3 cm，适合精雕细琢，追求完美妆颜。（图2-53）

⑥圆头晕染刷：刷长16.6 cm、毛长0.7 cm，适合化出烟熏妆、柔滑细致妆容，完美刷头适合所有眼影，为打造迷人眼妆必备产品。（图2-54）

（2）眼影刷的保养及护理

使用专业的刷具清洗剂，倒上几滴，用冷水顺着刷毛的方向冲洗一会儿，再平放阴干就可以了。如果没有专业的清洗剂，每两周将刷具放入加有洗发水的温水中浸泡清洗，再用冷水冲净，整理刷毛后平放阴干。阴干后用手指轻弹刷头，恢复刷子的蓬松状态。

图2-48

图2-49

图2-50

图2-51

图2-52

图2-53

图2-54

图2-55

图2-56

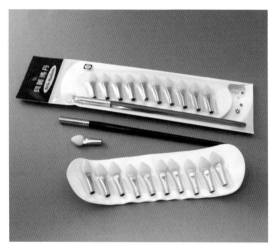

图2-57

图2-58

眼影刷的品牌推荐：

①MAKE UP FOR EVER 浮生若梦眼影刷

②MAKE UP FOR EVER 浮生若梦大号精准上色眼影刷

③BOBBI BROWN 芭比波朗专业眼影刷

④BOBBI BROWN 芭比波朗专业斜角眼影刷

8．美目贴（图2-55）

美目贴的作用及使用方法详见本书第5.2节。

9．双眼皮胶水（图2-56）

作用：双眼皮胶水跟双眼皮贴、双眼皮夹一样改变眼皮的形状，即变成双眼皮。

使用方法：首先用双眼皮胶水中附带的塑料棒在眼皮上划出你要的大小的痕迹，然后在那道痕迹上抹上一细条形的胶水，最后用棒子压住，睁开眼睛多保持一会儿就固定住了。

注意事项：

眼睛周围的皮肤非常薄，也很脆弱。在使用双眼皮胶水时会伤害到皮肤，使眼皮弹性下降。因此，尽量不要使用双眼皮胶水，如果非用不可，也要小心、轻柔地贴，千万不能图省事就拼命地撕扯。

10．眼影棒（图2-57）

（1）眼影棒的作用

眼影棒有点类似于棉棒，用来局部上色和多色眼影的晕染，可以使得眼妆自然。也可以用于啫喱状和霜状眼影，椭圆头适合大面积上色推匀，尖头眼影棒适合小面积描画。眼影棒与眼影刷不同，眼影棒画出来的眼妆效果会比较深、比较重。眼影棒比较适合于加重色彩时使用。

（2）眼影棒的清洁和保养

如果是海绵棒，每次用后要将上面的眼影粉用手指弹掉，隔三岔五要用温水清洗，自然晾干。

眼影棒应放在独立的小盒子中，以免因破损而划伤娇嫩的眼部肌肤；应同时准备4～5根眼影棒，按色系给它们分工，这样可以节省清洗的次数并且不容易混色。

11．眼线刷（图2-58）

（1）眼线刷的分类

眼线刷通常配合膏状或液状的眼线产品使用，适用于点画眼球周围之高光部位，使眼球更凸一些，使眼睛看上去更富神韵。常用眼线刷主要有貂毛眼线刷、尼龙毛眼线刷和马毛眼线刷。

①貂毛眼线刷：聚合性、弹性及耐久性俱佳，毛峰细而有弹性，普遍用于教学及专业化妆。

②尼龙毛眼线刷：聚合性和弹性较佳，但使用较长时间后，毛尖会出现弯曲的现象，可用于教学及专业化妆。

③马毛眼线刷：聚合性和弹性稍差，一般较少使用。

（2）眼线刷的清洁与保养

因为眼线刷使用的大多是膏状的产品，所以相对眼影刷、腮红刷、散粉刷这些使用粉质产品的刷子，眼线刷会更难清洁。而且如果不及时清洁，眼线胶在上面结块后，会影响刷毛的走向和毛质，建议是每次用完后都清洁一下。

方法：将清洁剂滴在化妆棉上，将刷子在上面来回反复地刷，直到刷不出颜色为止。需要注意的是，这种清洁剂是不需要清水冲洗第二遍的，所以清洁完后，只要用干净的纸巾捏住刷毛控干水分就可以放起来了。如果使用的是一般性的眼部卸妆油，就按照上面的步骤清洁，最后用清水冲洗干净。然后用纸巾控干水分，放在通风的地方晾干。

2.2.3 唇妆工具

1. 唇刷（图2-59）

（1）唇刷的分类

常用的唇刷主要有貂毛唇刷、尼龙唇刷及马毛唇刷三种。

①貂毛唇刷：聚合性、弹性及耐久性俱佳，毛峰细致而有弹性，用于涂抹唇膏，准确度高，线条平整，可描绘精致唇形，普遍用于教学及专业化妆。

②尼龙唇刷：由高级合成纤维制成，刷毛间隙小，聚合力高，刷毛扁平而长，力度较易掌握，涂抹唇膏时准确度较高，线条平整，可描绘较精致的唇形。缺点是使用较长时间后，毛尖会出现卷曲的现象。可用于教学及专业化妆。

③马毛唇刷：由天然马毛制成，柔软细致，聚合力佳，但弹性较差。

（2）唇刷的保养

唇刷不需经常清洗，否则会使刷毛失去弹性，每次使用后直接在纸巾上将残余唇膏拭擦干净即可。但使用纸巾进行唇刷的清洁时，由于唇刷的毛很容易掉，所以清洁的动作要温柔些。

2. 唇印（图2-60）

唇印外形类似嘴形，用唇印可以打造完美的唇部色彩。使用只需要两个步骤：首先，将自己喜欢的颜色涂到唇形印章上；然后，将它印在嘴唇上。

综上所述，初学者必备的化妆工具如下：

海绵、粉扑、专业套刷（粉底刷、散粉刷、腮红刷、眼影刷、眼线刷、眉刷、唇刷）、眉镊、修眉刀、剪刀、美目贴、睫毛夹、假睫毛、睫毛胶水、喷壶。

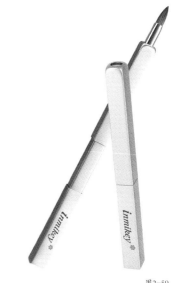

图2-59

图2-60

3 皮肤护理与化妆

3.1 皮肤的分类及其特点

3.1.1 皮肤的类型

皮肤的分类方法有多种。目前多根据皮肤含水量、皮脂分泌状况、皮肤pH值以及皮肤对外界刺激的反应性的不同，将皮肤分为以下五种类型：

1．干性皮肤

干性皮肤白皙，毛孔细小而不明显。皮脂分泌量少，皮肤比较干燥，容易生细小皱纹。毛细血管表浅，易破裂，对外界刺激比较敏感。干性皮肤最易出现衰老现象。这是由于皮脂腺分泌量逐渐减少造成皮肤干燥。一般洁面后有紧绷感，如果长期不加护理易产生皱纹，一般不易长痤疮。对外界刺激较敏感。pH值为4.5~5。

干性皮肤又可分为以下两种：

（1）缺乏油脂的干性皮肤：主要由于皮脂腺分泌功能失调，无法产生皮脂所致。皮肤可能呈现部分油腻，部分干燥的现象。如见于年轻人，则一般是表层缺水，由于错误使用化妆品而造成。如见于35岁以上的人群，多是因为年龄的原因，是正常的干衰现象。

（2）缺乏水分的干性皮肤：由于皮肤水分不足，虽然有足够的油脂却仍然干燥，易起皮屑剥落，容易产生微细线条及皱纹。通常皮肤较薄，看起来可能很细嫩，摸起来却会感到粗糙。一般是由于错误地使用化妆品（如碱性强的肥皂或收敛性强的洗面奶），饮食作息不健康及长期熬夜使得皮脂腺分泌下降。此种皮肤若护理不好，会恶化形成过早干衰皮肤。

2．中性皮肤

也称普通型皮肤，为理想的皮肤类型。其角质层含水量为20％左右，pH值为5~5.6，皮脂分泌量适中，皮肤表面光滑细嫩，不干燥、不油腻，有弹性，对外界刺激适应性较强。

3．油性皮肤

油性皮肤肤色较深，毛孔粗大，皮脂分泌量多，皮肤油腻光亮，不容易起皱纹，对外界刺激不敏感，由于皮脂分泌过多，容易生粉刺、痤疮，常见于青春发育期的年轻人。油性皮肤衰老速度较缓慢。pH值为5.6~6.6。

4．混合性皮肤

混合性皮肤是干性、中性或油性混合存在的一种皮肤类型。多表现为面部的中央部位（即前额、鼻部、鼻唇沟及下颏部）呈油性，而双面颊、双颞部等表现为中性或干性。

混合性皮肤分三种类型：

（1）T字部位（额、鼻、口、下颌）呈油性，毛孔粗大，面疱普遍。而面颊皮肤洁净柔嫩，很少面疱，肤质细致，肤色均匀，这是混合性皮肤中最常见的类型。

（2）T字部位少油脂和面疱，面颊皮肤毛孔很小，极少面疱，易出现皱纹和细纹。

（3）T字部位呈油性，毛孔粗大，面疱普遍，有油光。而面颊皮肤毛孔细小，少面疱，易脱皮，皮肤紧绷，有皱纹和细纹，是混合性皮肤中比较少见的一种类型。

5．敏感性皮肤

也称过敏性皮肤，多见于过敏体质者。皮肤对外界刺激的反应性强，对冷、热、风吹、紫外线、化妆品等均较敏感，易出现红斑、丘疹和瘙痒等皮肤表现。

敏感肌肤大致分为以下几种类型：

（1）干燥性敏感肌肤

无论什么季节，肌肤总是干巴巴且粗糙不平，一搽上化妆水就会感到些微刺痛、发痒，有时会红肿，有这几种症状的人属于干燥性敏感肌肤。肌肤过敏的原因是因为肌肤持续干燥，导致肌肤的防卫机能降低，只要去除多余的皮脂再进行充分保湿即可。

（2）油性敏感肌肤

脸上易冒出痘痘和小颗粒，会红肿、发炎，就连脸颊等易干燥部位也会长痘痘，专家称有这些症状的人应属于油性敏感肌肤。敏感原因为过剩附着的皮脂及水分不足引起肌肤防卫机能降低，只要去除多余的皮脂再进行充分保湿即可。

（3）压力性敏感肌肤

季节交替及生理期前，化妆保养品就会变得不适用，只要睡眠不足或压力大，肌肤就会变得干巴巴，有这几种症状的人应属于压力性敏感肌肤。原因在于各种外来刺激或荷尔蒙失调所引起的内分泌紊乱。

（4）永久性敏感肌肤

对于特定的刺激物（过敏源）引起的过敏反应，如果依然按照自己日常的保养方式会很危险，最好的方法是马上到皮肤科诊所求诊，并用医师所建议的贝母舒敏膏。

敏感性皮肤容易泛红，鼻头、脸周横着一条条触目惊心的红血丝，经常发痒甚至变得粗糙脱皮，其实易过敏的肌肤使用的产品，最重要的就是安全，必须具备以下功效：

镇定安抚受压肌肤；调节肌肤组织至健康状态；建立肌肤自然的抗过敏屏障；增强肌肤耐受性。

3.1.2 不同皮肤的特点

1．干性皮肤

皮肤红白细嫩，发干，易起皱，易破损，对理化因子较敏感，容易过敏。干性皮肤特点为：

①肤质细腻；

②毛孔细小；

③脸部呈现干燥；

④缺乏光泽；

⑤容易出现细纹；

⑥彩妆维持较持久；

⑦皮脂分泌不足且缺乏水分；

⑧容易有干裂、脱皮现象。

2．中性皮肤

皮肤组织紧密，厚薄适中，光滑柔软，富有弹性，是较好的皮肤类型。中性皮肤特点为：

①理想肤质；

②油脂及水分分泌均衡；

③肤质细腻；

④毛孔细小；

⑤有光泽，富有弹性；

⑥很少或没有瑕疵、细纹；

⑦多见于青春发育期前的少女少男。

3．油性皮肤

面部皮肤毛孔较大，脂肪较多，具有油亮光泽。这种皮肤易发生面部皮肤感染，但不易生皱纹。油性皮肤特点为：

①皮脂腺分泌旺盛；

②肤质较厚；

③毛孔粗大；

④皮肤呈油亮感；

⑤容易长粉刺和面疱；

⑥不容易产生皱纹。

4．混合性皮肤

混合性皮肤，即额头、鼻部、下巴为油性皮肤，油脂多，发亮，其他部分为干性皮肤，红白细嫩，对阳光中的紫外线敏感，约80%的女性属于混合性皮肤。混合性皮肤特点为：

①油脂分泌均衡；

②额头、鼻部、下巴属于油性肤质；

③两颊、眼睛四周则属于中性或干性肤质。

5．敏感性皮肤

敏感性皮肤特点为：

①皮肤表皮薄，细腻白皙，皮脂分泌少，较干燥，微血管明显，皮肤呈现干燥、机能减退，角质层保持水分的能力降低，肌肤表面的皮脂膜形成不完全；

②接触化妆品或季节过敏后易引起皮肤过敏，出现红、肿、痒，皮肤缺乏光泽，脸颊易充血红肿；

③因季节变化而使皮肤容易呈现不稳定的状态，主要症状是瘙痒、烧灼感、刺痛、皮肤发痒和出小疹子；

④容易受冷风、食物、水质、紫外线、合成纤维、香味、色素等外在环境或物质的影响；

⑤当接触到刺激性物质就会引发肌肤的问题，阳光、气候、水、植物（花粉）、化妆品、香水、蚊虫叮咬及高蛋白食物都有可能导致过敏。

3.2　不同类型皮肤的护理方法

3.2.1　干性皮肤的护理

比起其他类型的皮肤，干性皮肤最需要精心呵护，因为它属于易衰型肌肤，毛孔细小不明显，易产生细小皱纹，对于外界温度和湿度的反应最大，而季节交替时天气变化也较大，所以干性皮肤的人一定要未雨绸缪，提前将护肤品准备好，以应不时之需。

1．保养重点

以保湿为主，建议选择补湿滋润型的护理产品为主，不用有收敛作用的护肤品（如爽肤水等）。可通过定期去角质、经常按摩等方式，促进皮肤油脂的分泌，增添皮肤的柔润。注重保湿、做好防晒护理。建议定期进行美容院补湿滋润护理。注意饮食均衡，多吃水果、蔬菜，多饮水，不抽烟，少饮咖啡等。作息有序、不熬夜，保证充足睡眠。

彻底清洁面部后，应立刻便用保湿性化妆水或乳液来补充皮肤的水分，有条件的话，每周可做一次熏面及营养面膜，以促进血液循环，加速细胞代谢，增加皮脂和汗液的分泌。

睡前可用温水清洁皮肤，然后按摩3~5 min，以改善面部的血液循环，并适当地使用晚霜。次日清晨洁面后，使用乳液或营养霜，来保持皮肤的滋润。

2．护肤品选择

多喝水，多吃水果、蔬菜，不要过于频繁地沐浴及过度使用洁面乳，注意每周的护理及使用营养型的产品，选择非泡沫型、碱性较低的清洁产品，带保湿功能的化妆水。

3.2.2　中性皮肤的护理

中性皮肤属于难得一见的天生丽质，不干不油，呈现白里透红的美感，肤质细腻，毛孔细小。但天生丽质若不注重保养，皮肤也会有很多问题。拥有中性皮肤的人要做好肌肤基础的日常保养，生活作息规律，保持皮肤最佳的生理状态。

保养重点：

以清洁为主，做好肌肤基础的日常保养，注重保湿、防晒护理。建议定期进行美容院基础护理。饮食均衡，作息有序。

中性皮肤的保养要注意的是随气候、环境的变化来选择适当的护肤品。一般在天气比较热的时候，应选择乳液型护肤霜，以保证皮肤的清爽光洁；天气比较寒冷的时候，可选用油性稍大的膏剂，来防止皮肤的干燥粗糙。当然，保持皮肤的清洁也是很重要的一点。中性皮肤可选用碱性小的香皂清洁面部，晚上入睡前可用营养乳液润泽皮肤，使皮肤保持光滑柔软，也可使用营养性化妆水，让皮肤处于不松不紧的状态。

次日清晨洁面后，可略施少许收敛性化妆水，以使皮肤收紧，再放以适量营养霜加以保护。另外，中性皮肤在饮食上要注意补充必需的维生素和蛋白质，多食水果、蔬菜、豆制品和奶制品，并注意保持心情舒畅，精神愉快，避免过多地使用化妆品。

每周可做一次熏面与按摩，以促进局部血液循环。为充满青春活力，适当地做一些户外运动也是非常必要的。

平时用温和的基础护理产品，以保湿为重点，配合定期的去角质按摩，加上保湿面膜就可以了。平时应该注意内调，充足的睡眠、合理的运动和饮食均衡也很重要。皮肤是中性当然是最好的了。中性皮肤注意事项第一个是要清洁，简单地用洗面奶洗洗就可以了。第二个当然是保养了，多用滋润保湿的化妆品，同时一瓶营养水是少不了的。保持心情开朗，就会有水润的皮肤了。如果皮肤有些暗，那么就应该分析一下，是有斑导致的呢？还是没光泽不够白？那就建议到美容院做护理。可以去斑和让皮肤有光泽、有弹性。第三个就是注意给皮肤营养，多吃点水果及豆制品。

3.2.3　油性皮肤的护理

油性皮肤的清洁非常重要，可以延长深层去脂洁面乳在脸上的停留时间，让油脂和灰尘从毛孔中彻底清除。油性肌肤除了要注意清洁与控油调理以外，同时还需要做到补水保湿。

1．保养重点

以清洁为主，建议选择具有清爽、补湿、控油功能的护理产品，不用油性的护肤品（如滋养霜等）。勤洗脸，每周最少做一次深层清洁，日常建议经常使用一些能控制油脂分泌的护肤品（如爽肤水等）；注重保湿、防晒护理。建议定期进行美容院深层清洁补湿护理。饮食均衡，少食或不食辛辣刺激性食物，多吃水果、蔬菜，多饮水，不抽烟，少饮咖啡等。作息有序、不熬夜，保证充足睡眠；多运动、多出汗，使体内过剩油脂通过汗液排导出体外。

每天早晚彻底清洁皮肤，选用减少油脂分泌，缩小毛孔的护肤品。洗脸的水温适宜在40℃左右，使用水溶性洁净力强的洗面乳。主要用于清除油脂和调整肌肤酸碱值。洗完脸后可用一些收敛水。

洗脸次数不宜过多，一天三次即可。洗脸过多不但达不到控油的目的而且还会使脸部皮肤脱水，使得皮肤干燥。洗脸时，将洗面乳放在掌心上搓揉起泡，再仔细清洁T字部位，尤其是鼻翼两侧等皮脂分泌较旺盛的部位，长痘的地方则用泡沫轻轻地划圈，然后用清水反复冲洗20次以上才行。

入睡时最好不用护肤品，以保持皮肤的正常排泄通畅。晚上洁面后，也可适当地按摩，以改善皮肤的血液循环，调整皮肤的生理功能。每周可做一次熏面、按摩、倒膜，以达到彻底清洁皮肤毛孔的目的。

饮食上要注意少食含脂肪、糖类高的食物，忌过食烟酒及辛辣食物，应多食水果、蔬菜，保持排便通畅，以改善皮肤的油腻粗糙感。

油性皮肤在使用化妆品方面，宜少不宜多，特别是油性化妆品，避免使皮肤更加油腻或出现毛孔的堵塞，最好选用保湿润肤的护肤品。

2．护肤品选择

使用油分较少、清爽性、抑制皮脂分泌、收敛作用较强的护肤品。白天用温水洗面，选用适合油性皮肤的洗面奶，保持毛孔的畅通和皮肤清洁。暗疮处不可以化妆，不可使用油性护肤品，化妆用具应该经常地清洗或更换。更要注意适度地保湿。

3.2.4　混合性皮肤的护理

拥有混合性肌肤的人群基本是肌肤状态不稳定的年轻人，T字部位呈油性，眼周和两颊呈干性。护肤方面可以分区域给肌肤不同的着重保养，对于干燥的部位除了进行更多的补水保养外，可适当地选择一些营养成分较丰富的护肤品，而偏油部分则可以继续使用清爽护肤品。

1．保养重点

保养重点是分区护理，即：

（1）针对T区：重点以清洁为主，建议选择具有清爽、补湿、控油效果的护理产品，不用油性的护肤品（如滋养霜等）。

（2）面颊部位：重点以滋养补湿为主，建议选择补湿滋润型的护理产品，不用具有收敛作用的护肤品（如爽肤水等）。

混合性皮肤护理重点总体说来，呈干性部位的皮肤以保湿为主，呈油性部位的皮肤则以清洁为主。建议定期到美容院进行深层清洁补湿护理。注意防晒，饮食均衡，少食或不食辛辣刺激性食物，多吃水果、蔬菜，多饮水，不抽烟，少饮咖啡等。作息有序、不熬夜，保证充足的睡眠；多运动、多出汗。

混合性的皮肤无论是油性的部分还是干性的部分都需要好好地调理才能够水油平衡，最好分开护理。洁面、爽肤水、护肤霜等都要分开护理才能够调和皮肤。

在干燥的U区（两侧脸颊和下巴）使用温和的洗面奶，在冒油较多的T区使用清洁控油并能够补水的洗面奶，两个区块分开清洁。

T区冒油多，新陈代谢比较快，更要注意老化的问题，所以T区要多去角质以防止毛孔堵塞的问题，建议周期是一周一次，皮肤变好了也可以两周一次。而U区比较干，所以建议两周至一个月去角质一次就可以了。

在日常保养时，要加强保湿工作，不要涂油腻的保养品。干燥的部分要着重保湿，用热敷促进新陈代谢，用化妆水、保湿乳液加强保湿，以补足水分。

定期给予肌肤大扫除——敷脸，在敷脸的时候一定要分区做面膜，T字部位用清爽的面膜，干燥部位用保湿、营养面膜。

混合性皮肤的人生活作息正常化也是很重要的。均衡的饮食、足够的睡眠、持续的运动，都能促进身体的新陈代谢，有效平衡皮肤的油脂分泌。

2．护肤品选择

依年龄、季节选择，夏天选择亲水性护肤品，冬天选择滋润性护肤品，选择范围较广。

3.2.5 敏感性皮肤的护理

敏感性皮肤皮脂膜薄，皮肤自身保护能力较弱，皮肤易出现红、肿、刺、痒、痛和脱皮、脱水现象。平时应多用温水清洗皮肤，不要使用肥皂和香皂等碱性物品，否则会加重敏感性皮肤的症状。洗脸后可用些保湿效果好、适用敏感皮肤的精华液等，可早晚使用适合敏感性皮肤的润肤霜，以保持皮肤的滋润，防止皮肤干燥、脱屑，在嘴角及眼角处应用眼霜。适当外用氧化锌软膏、维生素B霜，以改善皮肤过敏情况。出入居室要尽量避免温度的急剧变化，使皮肤不要受过冷或过热的刺激。敏感性皮肤可选用微酸性洁面品和性质温和不刺激的护肤品，多补充维生素C，日霜忌用控油配方；注意防晒、隔离护理，尽量远离致敏源。

注意使用防晒产品。敏感性肌肤的皮层较薄，对紫外线比较没有防御能力，容易老化，所以在擦上基础保养品作为隔离之后，再用防晒品会比较好，但防晒品的成分也是易造成敏感性皮肤刺激的因素之一，因此最好不要直接涂抹在皮表上。敏感性皮肤尤其应当注意，不宜选用皂性洁肤产品，对于磨砂膏、磨皮膏等产品要慎用。

在饮食上，要多食新鲜的水果、蔬菜，饮食要均衡，且最好包括大量含丰富维生素C的水果、蔬菜，以及任何含维生素B的食物。饮用大量清水，除了各种众所周知的好处外，它更能在体内滋润皮肤，由内而外地改善敏感性皮肤。

1．敏感性皮肤护理方法

①常用冷水洗面，增加皮肤的抵抗力。如皮肤不适应，可先用温水（20~30 ℃），再逐渐降低水温，使用天然材料制成的洗面奶或刺激性小的香皂。最好使用防敏洗面奶。

②使用天然植物制成的护肤品，如用蔬菜水果制成的护肤品或面膜。不宜使用含有药物或动物蛋白的营养护肤品及面膜，因皮肤对其易产生过敏。

③使用新的护肤品时，先在前臂内侧或耳后涂少许，观察48 h后，如果局部出现红肿、水疱、发痒等，说明皮肤对该护肤品过敏，绝对不能使用。反之局部无任何反应就可以使用，平时不宜多化妆或者轻易更换化妆品。

④对寒风和紫外线过敏的皮肤，外出应做好对皮肤的保护措施。如冬天戴好防寒帽及口罩，防止寒风侵袭。夏天应撑伞或戴遮阳帽，面部皮肤涂防晒霜，防止日光曝晒。

⑤晚上护理皮肤时，应用水果汁或蔬菜汁护肤。既起到营养皮肤的作用，又防止皮肤过敏。

⑥定期到美容院做皮肤护理，对改善皮肤的条件、增加皮肤的抗敏性有较好的作用。

2．护肤品选择

应先进行对护肤品的适应性试验，在无反应的情况下方可使用。切忌使用劣质化妆品或同时使用多种化妆品，并注意不要频繁更换化妆品，含香料过多及过酸、过碱的护肤品不能用，而应选择适用于敏感性皮肤的化妆品。

3.3 不同类型皮肤的化妆

1．不同类型的皮肤在化妆品上的选择

（1）干性皮肤

缺乏油脂的干性皮肤，不宜用肥皂洗脸，尽量少用清洁剂，如果用的话，宜用弱碱性的香皂或弱酸性的洗面奶，洗脸的水温约30 ℃为宜，洗脸后应擦含油分较多的护肤品，如冷霜等，避免暴晒，可用防晒霜。洗脸后，先用不含酒精的化妆水，使皮肤柔软，然后外用面霜。缺乏水分的干性皮肤，易起皮屑和皱纹，化妆品宜选用天然油脂，如橄榄油，比油脂化妆品更有益。还可以选用面脂、雪花膏、乳液、珍珠霜等，切忌使用粉质化妆品，如果涂上粉质化妆品会使皮肤显得更加干燥，或出现斑驳的粉印，失去了化妆的效果。

（2）中性皮肤

中性皮肤是较理想的皮肤类型，皮肤表面光滑细嫩，质地、肤色均匀，皮脂分泌适中，不干不燥、不油腻。有弹性，无明显脱屑或油脂分泌，皮肤成弱酸性，对外界刺激适应性较强。易受季节变化的影响，夏天偏油腻，冬天偏干燥。一般可用弱酸性、油脂含量适中的化妆品。通常，在夏季应选择乳液型护肤霜，在秋冬季节可选用油性稍大的膏剂，以防止皮肤的干燥粗糙。可选用碱性小的美容皂或洗面奶清洁面部。

（3）油性皮肤

最好用微酸性的洗面奶或碱性较弱的香皂洗脸，然后用含有樟脑成分的化妆水涂抹脸部，可以收敛毛孔，防止粉刺形成，选用雪花膏、乳液等含油较少的护肤品，不宜擦油性化妆品和易阻塞毛孔的粉剂化妆品。化妆前先使用控油产品。油性皮肤不能用粉类化妆品。建议有痘痘最好不要化妆，如果一定要化，化个简单的淡妆就可以了。

（4）混合性皮肤

混合性皮肤是干性、中性或油性皮肤特点混合存在的一种皮肤类型。面部的T字部位呈油性，额头、鼻部呈现油腻光亮，下颌经常起小的痤疮，且毛孔粗大。而双颊、双颞部等表现为中性或干性皮肤。混合性皮肤最大的问题是夏季油性部位更加油腻，冬季干性部位更加干燥或脱屑甚至蜕皮。所以选用护肤品时，夏季可用适合中性和油性皮肤的护肤品；冬季可用适合干性和中性皮肤的护肤品，以增加皮肤的保护屏障，防止水分的丢失。

（5）敏感性皮肤

如果选用不合适的化妆品，敏感性皮肤极易出现红斑、水疱和瘙痒等过敏性反应。这种皮肤尽量少用清洁剂，如果一定要用，可选择弱酸性洗面奶，洗脸温度控制在30 ℃左右，化妆品选用无刺激性的冷霜、雪花膏、橄榄油，或含高级脂肪醇原料的护肤膏，不易用含香精、PABA（对氨基苯甲酸）及荧光增白剂的防晒剂。

平时为过敏体质的人，初次使用化妆品应非常慎重，事先应进行适应性试验，如无反应，方可使用。敏感性皮肤切忌什么化妆品都用或同时使用多种化妆品，不能频繁更换化妆品；含香料过多及过酸、过碱的护肤品不能用，而应选择适用于过敏性皮肤的化妆品。敏感性皮肤的人要经常对皮肤进行保养，按摩皮肤可增加皮肤抵抗力，但应注意，按摩以用手指敲击为好，不要用力过度，以免引起皮炎。

2．底妆的注意事项

没有皮肤问题的人：基础→防晒霜。

极度有黑眼圈的人：基础→防晒霜→遮瑕膏或饰底乳→粉饼。

毛孔粗大的人：基础→防晒霜→隔离霜→粉底→遮瑕膏→粉饼。

整体肤色很漂亮，但有些毛孔的人：基础→防晒霜→隔离霜→粉底→粉饼。

4 色彩基础与化妆

4.1 色彩基本知识

4.1.1 色彩的概念

色彩是光从物体反射到人的眼睛所引起的一种视觉心理感受。色彩按字面含义上理解可分为色和彩，所谓色是指人对进入眼睛的光传至大脑时所产生的感觉；彩则是指多色的意思，是人对光变化的理解。

4.1.2 常用色彩名词

1．三原色

三原色由三种基本原色构成。原色是指不能透过其他颜色的混合调配而得出的"基本色"。以不同比例将原色混合，可以产生出其他的新颜色。以数学的向量空间来解释色彩系统，则原色在空间内可作为一组基底向量，并且能组合出一个"色彩空间"。由于人类肉眼有三种不同颜色的感光体，因此所见的色彩空间通常可以由三种基本色所表达，这三种颜色被称为"三原色"。（图4-1）

2．间色

间色也称"第二次色"，是由（品）红、（柠檬）黄、（不鲜艳）青这三原色中的某两种原色相互混合而成的颜色。当我们把三原色中的红色与黄色等量调配就可以得出橙色，把红色与青色等量调配得出紫色，而黄色与青色等量调配则可以得出绿色。从专业上来讲，由三原色等量调配而成的颜色，叫做间色（secondary color）。当然，三种原色调出来就是近乎黑色了。在调配时，由于原色在分量多少上有所不同，所以能产生丰富的间色变化。

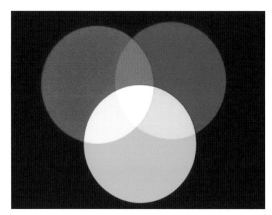

图4-1

3．复色

复色是将两个间色（如橙与绿、绿与紫）或一个原色与相对应的间色（如红与绿、黄与紫）相混合得出的色彩。复合色包含了三原色的成分，是色彩纯度较低的含灰色彩。

4．对比色

色相环中相隔120°至150°的任何三种颜色即为对比色。（图4-2）

5．同类色

同一色相中不同色彩倾向的系列颜色被称为同类色。如黄色中可分为柠檬黄、中黄、橘黄、土黄等，都称之为同类色。

6．互补色

色相环中相隔180°的颜色，被称为互补色。如：红与绿，蓝与橙，黄与紫互为补色。补色相减（如演练配色时，将两种补色颜料涂在白纸的同一点上）时，就成为黑色；补色并列时，会引起强烈对比的色觉，会感到红的更红、绿的更绿，如将补色的饱和度减弱，即能趋向调和。

4.1.3 色彩的基本因素

1．光源色

由各种光源发出的光（室内光、室外光、人造光），光波的长短、强弱、比例性质不同形成了不同的色光，称之为光源色。一般在物体亮部呈现。

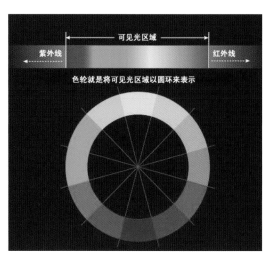

图4-2

2．固有色

自然光线下的物体所呈现的本身色彩称之为固有色。但在一定的光照和周围环境的影响下，固有色会产生变化，对此初学色彩者要特别注意。固有色一般在物体的灰部呈现。

3．环境色

物体周围环境的颜色由于光的反射作用，引起物体色彩的变化称之为环境色。物体暗部的反光部分变化一般比较明显。

4.1.4 色彩三要素

色彩三要素为：色相，明度，纯度。

1．色相

色相是指色彩的相貌，是色彩最显著的特征，是不同波长的色光被感觉的结果。光谱上的红、橙、黄、绿、蓝、紫就是六种不同的基本色相。（图4-3）

2．明度

明度是指色彩的明暗程度，它取决于反射光的强弱。它包括两个含义：一是指一种颜色本身的明与暗，二是指不同色相之间存在着明与暗的差别。（图4-4）

3．纯度

也称彩度、艳度、浓度、饱和度，是指色彩的鲜浊程度。

4.2 色彩在化妆中的作用

色彩在化妆造型中的作用不言而喻。作为化妆师如何正确认识和运用色彩，这对化妆师来说是一个重要课题。通过色彩的明暗、冷暖对比结合化妆技法来塑造人物，运用色彩把人的容貌进行美化和修饰，这是化妆师的职责。

当然，不同的化妆师对色彩有着不同的理解，而同样的色彩用法不同，所表达的作品主题也不尽相同。运用色彩的对比关系，可使物体的形状起变化，平面的可以感觉有立体感，立休的也可以有平面的感觉，宽可感觉窄，小可感觉大。色彩的对比有色相的对比、明度的对比和纯度的对比，化妆可用明度的对比来刻画形象，也可运用色相的对比和色彩的冷暖倾向表现立体感和质感。

如描画骨骼的高低、隆凸，肌肉的起伏不平，皱纹、眼窝、泪囊等的凹陷。中国人的脸型五官比较扁平，用色彩的明暗、冷暖来修饰脸型，可增强五官的立体感。

化妆中的色彩处理还要考虑与整个环境、画面的色彩关系，以便取得理想的造型效果，如：环境画面色彩浑厚浓重，气氛低沉，面部的色彩处理便可浓重一些，描画的笔触可鲜明一些，显著一些，以便获得更为理想的造型效果。如果整个环境或画面的色彩比较淡雅、清新、明快，那么化妆的色彩处理相应地要淡一些，描画得尽量轻一些，柔和一些，自然一些，以便取得人物和画面景物的和谐统一。

作为化妆师应当理解色彩的这些基本知识，理解色彩的原理和规律，训练对色彩的搭配组合能力，从而提高对色彩的审美和应用水平，达到运用色彩来造型的目的。

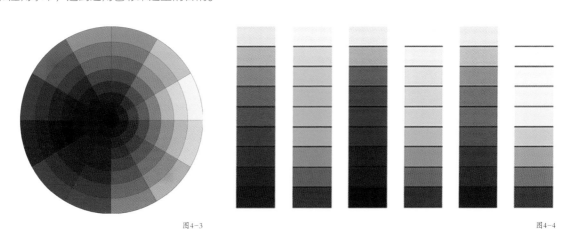

图4-3　　　　　　　　　　　　　　　　　　图4-4

4.2.1 色彩的种类

（1）无彩色系：指黑、白，及由黑白混合而产生的色系。例如：白与黑，黑与白，浅黑灰，深灰，深浅不同的灰。

（2）有彩色系：有彩色的基本色有红、橙、黄、绿、紫、蓝。由于它们各自有纯度和明度的不同变化，较之无彩色系更加丰富，带给人以五彩缤纷的视觉享受。

4.2.2 色相对比

色相对比是指同色相之间的类别而形成的对比关系。

（1）同类色对比：这种配色关系处在色相环30°以内，是色差很小的配色，给人以含蓄、雅致的感觉。例如"黄—绿—橙"可运用于生活妆、新娘妆。（图4-5）

（2）邻近色对比：这种配色关系处在色相环的30°至60°之间，是较弱的色相对比，具有和谐、雅致、柔和、耐看的特点及视觉效果，比同类色明显丰富活泼。（图4-6）

（3）对比色对比：这种配色关系处在色相环的120°左右，是较强的色相对比。其各自色相感鲜明，色彩显得饱满、丰富而厚实，容易造成强烈、兴奋、明快的视觉效果（多运用在T台）。（图4-7）

（4）互补色对比：这种配色关系处在色相环180°的位置，橙与蓝，黄与紫，红与绿是色相对比中最强的，也称强对比色，互补色对比关系极易产生富有刺激性的视觉效果，色彩饱满、生动、华丽，也能体现出粗糙、活跃、喜悦的风格，是中国民间传统的用色方法。

（5）冷暖对比：同色彩感觉的冷暖而形成的对比关系。最暖为橙色，称为"暖极"。最冷是蓝色，称为"冷极"。

（6）面积对比：是指色彩所占面积比例多少而形成的明度、色相、纯度、冷暖对比。

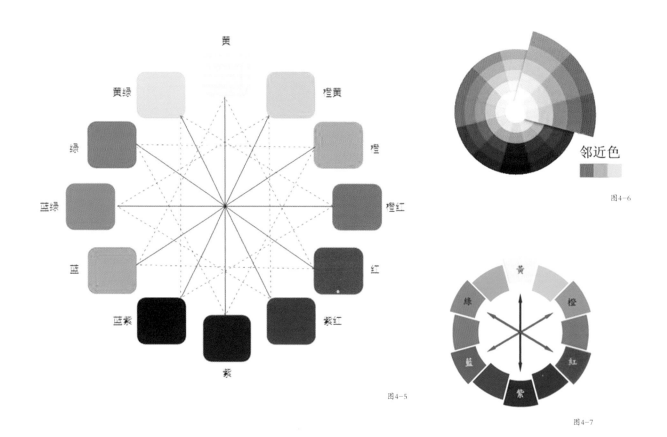

图4-5

图4-6

邻近色

图4-7

4.2.3 色调

色调是指色彩运用的主旋律，大面积的色彩倾向是色彩的三要素形成的结果，其中某种因素占主导地位。

（1）淡色调：明度很高的一种淡雅颜色，组成柔和、优雅的淡色调，这种颜色含有大量的白色或荧光色，多用于生活时尚妆容和当日新娘妆。给人清新、明朗、干净的感觉，代表色例如黄、浅紫。

（2）浅色调：明度比淡色调要低，色相和鲜艳度比淡色调略高（清晰）。浅色调妆淡雅、亲切、温柔。适合职业妆、当日新娘白纱妆。

（3）亮色调：明度比浅色调略低，因其含白色少，鲜艳度更高，接近纯色，代表色：白、天蓝、柠黄、粉红、嫩绿。亮色调妆给人感觉亮丽、活泼、鲜明、纯净。适合时尚妆、新娘妆及礼服造型妆。

（4）鲜色调：明度和亮色调相接近，但其色彩不含黑色成分，饱和度最强，视觉效果浓艳、华丽、强烈。适合晚宴妆、综艺晚会妆、模特妆、创意妆。

（5）深色调：明度低，色彩较为浓艳，是略带含黑成分的色调。

代表色：土黄，深红，深紫，深蓝，黑茉莉。

此妆给人较浓之感，适合T台、晚会、综艺等场合。

（6）中间色调：由中等明度、中等色度的色彩组成，色彩显得不温和、沉着。代表色：土黄，宝蓝。适合晚宴妆、结婚礼服妆、职业妆。（例如，眼影：宝蓝；腮红：橙。）

（7）浅浊色调：与浅色调的区别在于不仅含有白色成分，还含黑色成分，给人文雅、妆面稳重之感。适合职业妆、结婚白纱妆。（例如，眼影：绿，紫；腮红：紫；口红：橙。）

（8）暗色调：明度及鲜艳度很低，接近黑色，给人非常沉着、稳重之感。适合晚宴妆、时尚妆。（例如，眼影：深绿，深紫；腮红：深紫；口红：大红。）

4.2.4 色彩的混合

（1）原色也称第一次色，是指能调配出其他一切色彩的基本色，颜料的三原色为红、黄、蓝。

（2）间色是由两种原色相混合的颜色，也称第二次色，颜色的三间色是橙、绿、紫。

（3）复色是指两种间色相加而成的色彩，色彩相加的种类越多，得到的色彩越多，复色也称第三次色。

4.2.5 色彩与联想

红色给人欢乐、喜庆之感；橙色给人轻快、柔和、活跃之感；

黄色给人明快、活泼之感；绿色给人生命、希望、和平之感；

蓝色给人安静、忧郁之感；白色给人纯真、干净、卫生之感；

黑色给人庄重、稳重之感；灰色给人高雅、含蓄、精致之感。

4.3 不同光源下的化妆实例分析

4.3.1 光源的相对色温

谈到光源，就一定离不开色温，光源的色温用开尔文（K）温标来表示。色温从视觉角度来说，色温越高，偏蓝的趋势越明显；色温越低，偏橙黄的趋势越明显。色温仅仅是指光的视觉特征，并不直接反映其摄影或电视效果。

妆面的表现与光源的互动关系是化妆中不可忽视的重要因素之一。光源不同，可以使妆面色彩、物体的外形产生不同的变化；不同的光源产生不同的色温，会使人们视觉所感受的妆面色彩产生差异。

一些常见光源的相对色温：

①摄影灯：3200 K

②日光（晴朗的天空）：5400~5800 K

③阴天的日光：6800 K

④烛光火焰：1850 K

图4-8

图4-9

图4-10

1．冷光源

一般在办公室、会议厅、学校使用的荧光灯，色光偏蓝色调，属于冷色光源。当冷色系的物体被荧光灯照射时，明度会提高，色彩纯度会降低；当暖色系的物体被荧光灯照射时，明度会降低，色彩纯度会降低。这种光源有扩散作用，人在荧光灯下，脸色较为苍白，肌肤纹理较粗，面部缺陷容易暴露，同时面部阴影会减少，显得面平，易出现化妆缺点。在冷光源下，化妆时应选择自然、透明、偏白的底色最为适合；蓝色应该慎用，使用不当会有浑浊效果。

2．暖光源

一般在摄影棚、咖啡厅、酒吧等娱乐性场所使用的是低明度的荧光灯，色光偏橙黄，属于暖色光源。在这样的光源下，会使人产生晕黄、温暖的感觉。面部瑕疵不明显，光线在面部形成的阴影明暗柔和，立体感强。在色彩选择上，金色、紫色、黑色等效果表现力强，在色彩的使用上，浓重的色泽会给人华丽、富贵、神秘的感觉。

4.3.2　自然光下的化妆实例

1．直射光

（1）早晚直射光：太阳光与地面呈0°～15°之间的角度，景物的垂直面被大面积照亮，并留下长长的投影。此时的光线特点：柔和，产生的透视效果强，被照射的景物会显现淡淡的、柔和的橙色。在化妆时，首先应特别注意粉底的选择。应选择较为滋润、透气感强的粉底，例如：乳液型粉底，其特点是可令肌肤有晶莹透亮的感觉，妆面肤质感薄，在直射光线下能还原出皮肤原有的质感，更加适合直射光线。为了能在光线的色彩上更加突出或还原色彩本身的特点，尽量选择暖调的粉底，如：象牙白（偏米黄色），肤色白皙才能把柔和的橙色和粉红色还原出来（图4-8）。在早晚光线下妆面要给人留有温暖的印象，有很好的亲和力。如果一组颜色让我们相对感觉到温暖，那么这组颜色就是以黄色为基调的暖色调，比如：红、橙、黄带给人们温暖的感觉，能够让人感受到热闹、愉快和动感的氛围；而绿、蓝、紫则让人感觉到寒冷，给人以沉稳、冷峻和整齐的印象。要注意色彩的冷暖是相对的，如红色中有温暖的橘红，也有偏冷的玫瑰红。整体妆面的肤色要给人暖暖的感觉，搭配无彩色系（无彩色按照一定的变化规律，可以排成一个系列，由白色渐变到浅灰、中灰、深灰直到黑色，色度学上称此为黑白系列。黑白系列中由白到黑的变化，可以用一条垂直轴表示，一端为白，一端为黑，中间有各种过渡的灰色，如图4-9所示）作为眼部妆面的特写，在眼部表现立体感的同时，给人强烈的视觉冲击力。（图4-10、图4-11）

（2）上、下午直射光（上午8～11点，下午2～5点）：太阳光与地面呈15°～60°之间的角度。此时的光线特点：比较稳定，能较好地表现地面景物的轮廓、立体形态和质感。在化妆时，可以根据实际情况适当地减少对脸部轮廓的修饰。在运用妆面色彩时，不要用过于浓重的色彩表现面部五官的轮廓，要结合光源的特点，在打底时可利用粉底的色彩深浅不同，对五官的轮廓稍加修饰即可，修饰感不要过强。正好可以结合现在影楼较为实用的立体打底手法（图4-12）。在妆面色彩上尽量选用浅色调（轻淡、柔和、优美的色调），如：浅蓝色、粉红色（图4-13）、浅绿色、浅黄色、浅灰色、米色、白色。不要过于突出色彩的层次感。在妆面的表现上要尽量运用柔和的手法：白净的肤色、淡淡的眉、淡淡的眼、淡淡的唇，给人以恬静、端庄的感觉。这样对面部的轮廓的修饰相对来说就会减弱，再结合相对有轮廓感的光线才能把人物那种优雅、端庄、恬静的感觉完全地表现出来。（图4-14）

（3）中午的直射光（又称顶光）：太阳光直射被照人物，常易丑化人物，会使皮肤的毛孔显得比较粗大，因为光线很强，在面部的T字区时常会有明显的油光感，减弱面部的轮廓感，更加容易暴露化妆中的缺点，因此不建议在拍摄中选择此种光线拍摄。

图4-11

图4-12

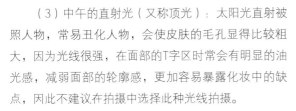

图4-13

图4-14

图4-15

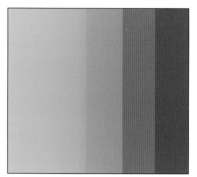

图4-16

2．散射光

（1）天空光：天空光主要是指太阳光在地球大气层中经多次反射及空气介质的作用，形成的柔和的漫散的光。因为这种光线较平，多运用高光（偏光源的色彩）与暗影（偏环境的色彩）的对比强调一下面部的轮廓结构，但是手法相对要柔和，对比不要过于明显（图4-15）。由于此种光线强烈明亮，在妆面色彩的选用上宜选用自然柔和的色彩。可多用中间色调，此种色调是"沉默"的，不冷不暖的色调就是中间色调，如：紫色、绿色（图4-16）。给亮色添加一点黑，就构成中间色调，给人纯净、庄重的印象（图4-17）。整体造型效果如图4-18所示。

（2）薄云遮日：当太阳光被薄薄的云雾遮挡时，便失去了直射光的性质。利用这种光，使明暗反差柔和。这种光线调子发灰，所以在妆面色彩选择上尽量选择纯度较高的色彩，色彩的纯度是指色的强弱饱和程度。色强的叫高纯度，色弱的叫低纯度。色彩纯度高则色饱和度高。不同原色相的颜色明度不等，纯度也不等。一种颜色，当混入白色时，它的明度提高，纯度降低，混入黑色时，明度降低，纯度也降低。自然色中红色纯度最高，其次是黄色，绿色只有红色的一半。自然色中大部分是非高纯度色，有了纯度变化，色彩才显得极其丰富。薄云遮日色彩过渡如图4-19所示。在色彩设计中，纯度高的对比是决定色调感觉华丽、高雅、古朴、粗俗、含蓄与否的关键。其对比的强弱程度取决于色彩在纯度等差色标上的距离，距离越长对比

图4-17

图4-18

越强，反之则对比越弱。如：红、黄、蓝等在任何色彩里不加黑或白的色彩都可以。因为光线较暗，在打底时也要运用高光和暗影的对比来突出一下面部轮廓的修饰（图4-20）。最后在设计整体妆面造型时，妆面的色彩要与服装的整体色调相呼应（图4-21）。

（3）乌云密布：光线分布均匀，立体感差。化妆时应根据需要注重对轮廓的修饰。碰到这样的光线时，就要重点突出五官的轮廓了，选用较有层次感的色彩。色彩对比明暗清晰，对比色拥有一种令人兴奋的视觉感，但是它缺乏单色调与和谐色的那种安全感，所以很多人在化妆时并不敢大胆地使用。例如：无彩系的黑与白，有彩系的红与绿都是对比色中的代表色。在化妆时也可以选用立体化妆手法，如：欧式妆特点是能突出面部五官的轮廓修饰结构，能弥补亚洲人较平陷的五官，欧式妆色彩一般会选用偏灰的暖色色调。（图4-22、图4-23）

4.3.3　人工光下的化妆实例

1．白炽灯

随着温度的升高，白炽灯的光色由橙变黄，由黄变白。白炽灯的光线柔和，有一种稳定感。

白炽灯投射的是低彩度的橙黄色光（因纯度差别而形成的色彩对比叫做彩度对比。不同色相的纯度，因其形度相差较大，很难规定一个划

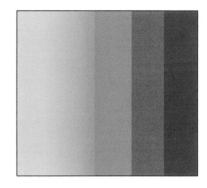

图4-19

图4-20

图4-21

图4-22

图4-23

分高、中、低纯度的统一标准。这里只能提示一个笼统的办法：把主要色相的形度标均分成三段，处于零度色所在段内的称为低彩度色，处于纯色所在段内的称为高彩度色，余下的称为中彩度色），而这种橙黄色的光感会使人产生晕黄、温馨的感觉，使肌肤略带黄、红色泽。因光线柔和，皮肤瑕疵就不明显了，同时阴影也较多，使脸部呈现立体感，但化妆效果不明显。

在化妆时，以金色为主，宜强调红、橙等色，并使用明度较高的眼影，如：黄色明度高，给人温暖、奢华、复古的感觉（图4-24）。色彩的明度指的是色彩的明暗程度，即色彩的深浅差别，明度的差别即指的是同色的深浅变化，又指不同色相之间存在的明度差别（图4-25）。粉红色系在偏黄的灯光下，色彩变浓，给人以华丽的感觉，冷色系的搭配在暖光源下尤为突出（图4-26）。

2．荧光灯

荧光灯的光色近乎自然光色，色光偏蓝和绿。

当冷色系的物体被荧光灯照射时，明度会加强；而暖色系的物体被荧光灯照射时，明度会降低。这种具有扩散性的光线，使整个脸部都受光照射，因此显得皮肤色泽柔和，但肤色显得比平常苍白，给人以不健康的感觉；同时阴影减少，使脸呈现平面感，而且显得肌肉纹理粗糙，毛孔较大，易暴露化妆中的缺点。

化妆时最好选用自然透明与偏粉红色的粉底，整体彩妆以红色最为理想，粉红色代表娇艳、妩媚，给人以大胆的思维空间（图4-27）。尽量不用冷色系，特别要避免使用蓝色眼影；另外，使用黄色、棕色会因明度和色度的降低（色度是指色调和饱和度。色调决定色彩本质类别，饱和度是颜色的深浅）使妆容显得暗淡，不够明朗。荧光灯色彩过渡如图4-28所示，整体妆面效果如图4-29所示。

图4-24

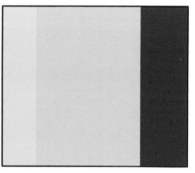

图4-26

图4-28

图4-25

图4-27

图4-29

5 职业妆容设计

5.1 化妆基本步骤

5.1.1 职业形象设计的内容

1.妆容的构思

了解自己的职业特点，皮肤的性质，脸型、眼型的特点，分析并构思妆容，在妆面设计中结合自己的优缺点选择合适的彩妆用品及化妆方法，打造出适合自己的面部特点、职业要求的完美妆容。

2.搭配妆色

构思妆容后，选择合适、统一色调的眼影、唇膏、腮红、粉底及定妆粉进行整体的搭配。

3.搭配发型

在进行完妆面的造型后，选择与自己脸型、职业要求、出席场合相适应的发型进行搭配，例如简单马尾、职业盘发与晚装盘发等。

4.搭配服饰

妆面、发型都要与职业服饰相搭配，在款式、颜色的选择上都要具有整体感，完美的职业形象应该是服装、化妆、发型和谐统一，打造出清爽、干净、干练、有亲和力的职业形象。（图5-1、图5-2）

5.1.2 职业形象设计的目的

化妆是人们为了适应实用、场合、环境、礼仪和特定的情景需要而改变自身形象。在现实生活中，完美的人少之又少，人们总是有这样或那样的缺点，出于对美好形象的追求，人们就利用化妆的方法来掩盖自身的缺点。在文明社会日益成熟的过程中，人们为了体现自身的兴趣、修养、个性，或模仿心目中的完美形象而进行化妆造型。在现实社会中，人们会处于不同的环境中，扮演不同的社会角色，这就要求人们从外形上能够符合各种身份的变化，并进行适当的形象包装，完美合适的形象造型会对人们的社会生活与交往起到良好的推动作用。职业形象设计的作用主要表现在以下三个方面：

1.美化容貌

人们化妆的根本目的是为了美化自己的容貌，美丽的容貌能够使自己在工作生活中心情愉悦。通过化妆，能够调整肤色，增强皮肤的质感，使眼睛更加有神、明亮，富有神韵，使眉毛更加整齐而生动，使气色看起来更加红润健康，使嘴唇更加红润饱满。总之，通过娴熟的化妆技巧和时尚的化妆理念，可以突出自己的个性，使自己在不同的职业、不同的角色中有更佳的表现。

图5-1

图5-2

2．增强自信

得体的形象设计是人们对外社交和社会活动的必备品。俗话说：美丽让人自信，自信的人最美。得体的化妆及整体形象设计在给人们增添美感的同时，也增强了自信心。对于职业形象设计来说，在社会活动、社会角色丰富的今天，一个人的整体形象不仅仅代表个人，更代表的是公司或企业的形象，得体的整体形象往往能够给公司或企业带来更多的商机，同时也能够给自己树立良好的形象和自信。因此，职业形象设计能够带给人们自信。

3．弥补缺陷

化妆可以通过色彩的对比以及色调的明暗关系造成视觉上的错觉，从而达到弥补缺陷的目的。如：通过化妆，能够使不完美的脸型得到一定程度的改善，能够使小眼睛的人拥有大而有神的眼睛，使扁塌的鼻梁看上去更加挺拔，使憔悴的面容更加红润健康，使杂乱无章的眉毛更加有型。但是在化妆的过程中，我们要明确一个观念，在弥补不足的方面，我们只能做到在视觉上去改变它，而不能像整形那样从事实上去去掉它。

5.1.3　职业形象设计的要求

1．和谐美

在进行妆面设计特别是整体形象设计时，我们一定要做到和谐统一。比如，眼妆的技法与眉毛、腮红、唇的统一，眼妆的色彩与腮红、唇色的统一，妆面与发型的和谐统一，妆面与服装的和谐统一，发型、妆面、服装、配饰与场合、时间、角色的和谐统一，这些都是职业整体形象设计的要求。在进行形象设计时，还要考虑自身的职业、气质、性格和优缺点等内在的特征，达到和谐统一的效果。

2．整体美

在职业化妆中要注重"度"的把握，根据不同的职业特点、出席的场合来进行整体的形象设计，从发型、妆面、服装等各方面全盘考虑，通过得体的职业形象造型，达到整体美的效果。切记不能顾此失彼，注重了妆面而忽视了发型，或重视了服装而忽略了配饰，这样都不能达到职业形象设计整体美的要求。

5.1.4　化妆的礼仪

当今社会，化妆已成为女性必备的生活礼仪。在日本，没化眼妆的女人就好像出门没有穿鞋；在韩国，不会化裸妆就出现在公众场合的女人，就好像一丝不挂地站在众人面前。在社会活动中，进行得体的整体造型，是对别人的尊重，会让我们的工作更加事半功倍。化妆礼仪要注意以下三点：一是化妆要自然、得体，特别是职业妆容，不要穿奇装异服和过分暴露的衣服，不能化夸张的创意妆、烟熏妆等。二是化妆品及化妆工具要干净整洁，不宜交叉使用。化妆品及化妆工具应整洁地放在化妆包内，以方便从容地取出使用，更要保持干净，这样既有益于健康，也能够透露出有修养、有品质的生活态度。三是不要在人前化妆或补妆。当着他人的面化妆或补妆都是不雅观的行为，当我们需要化妆或补妆时，哪怕只需要短短的几分钟或简单的一两个步骤，我们都应该在适当的时间到化妆室或洗手间去进行。

5.1.5　化妆基本步骤

1．摆放陈设

首先将化妆品及化妆工具在化妆台上有秩序地摆放，一个有素质、有修养的人其化妆品及化妆工具应该干净、整洁，在化妆过程中能够做到井井有条，收放自如。

2．洁肤

在化妆前一定要使用专业的清洁用品清洁皮肤，不同的肤质要选择不同功效的洁面产品，在洁肤的过程中动作要轻柔，避免粗糙的洁肤动作，这样不仅会损伤皮肤的纤维组织，更容易滋生皱纹。干净的肌肤能够在化妆过程中起到保护皮肤的作用，同时还有利于妆面效果的完美呈现。

3．润肤

在清洁皮肤后，应根据自己的肤质选择相应的护肤产品，如：爽肤水、精华、乳液等，这样既能起到对肌肤的滋润作用，使肌肤水水的、润润的，还可以使妆面更加自然、透亮，给人天生丽质的感觉。

4．隔离

隔离霜在化妆过程中是非常重要的一步，它不仅能够隔离紫外线和大气中的污染物，更能够隔离彩妆用品中的有害物质，起到保护皮肤的作用。如果不使用隔离就直接上粉底，会让粉底堵塞毛孔伤害皮肤。所以在使用彩妆用品前一定要使用隔离霜。

5. 修眉

在涂抹了隔离霜后，首先就根据需要来修剪眉毛。首先需把杂毛修掉，再根据脸型修出眉形，较长的眉毛还应用剪刀剪短。

6. 粘贴美目贴

根据具体情况选择是否需要粘贴美目贴，如果不需要粘贴美目贴就可以直接开始下一步骤，如果需要粘贴美目贴，需在涂抹底妆之前粘贴，这样美目贴能够更好地贴合眼皮，且不易脱落，而且更加隐形。

7. 底妆

根据皮肤的特点和妆容的浓淡，选择相应的底妆用品，如粉底液、粉底膏来进行打底步骤，完美的底妆能够起到调整肤色和脸型、增强脸部立体感、改善皮肤质感和掩盖面部瑕疵的作用。

8. 定妆

在打造完美的底妆后，紧接下来的工作就是将完美的底妆"定住"。使用无色定妆粉，用粉扑采取按压的方式定妆。

9. 眼影

根据眼型及妆容的特点，选择合适的颜色及眼影技法来修饰眼部。眼影在修饰眼部时，主要是强调眼部结构，增加眼睛的神采个性，并且达到改善、修饰眼型，丰富面部色彩的作用。

10. 眼线

眼影结束后就要开始进行眼线的描画，在描画眼线时，眼线的长短、粗细都要从实际出发，主要是要考虑眼型的特点，完美的眼线会让眼睛看起来更加明亮，神采奕奕。

11. 睫毛

根据妆容的特点选择是否使用假睫毛，但无论是否使用假睫毛，都需要处理好自己的真睫毛。在进行睫毛的处理时，首先应使用睫毛夹将睫毛夹翘，夹出完美的弧度，再涂抹睫毛膏。如需粘贴假睫毛，在涂抹完睫毛膏后，再粘贴假睫毛。最好使用睫毛膏将真假睫毛完美地粘在一起，使妆容更自然、更真实。

12. 眉毛

选择与眉毛颜色相同的眉笔，在眉毛缺损的地方补化，再使用眉粉在眉毛上浅刷一层，使眉毛看起来更加完整、真实、自然。

13. 腮红

根据脸型和肤色的不同，选择相应的腮红，涂抹在脸上，在涂抹时注意与周围皮肤的自然衔接与融合，使脸上在显现健康红润的同时，更加自然，仿佛是由内而外散发出来的好气色。

14. 唇

根据眼影、腮红及服装的颜色，选择同色系的唇膏来打造双唇。使唇部看起来更加丰盈、滋润，并与眼影、腮红相呼应，达到整体造型和谐统一的目的。

15. 整理妆容

在整个妆面完成以后，应通过镜子来检查妆容中的不足。如：妆面是否对称（眉形、眼妆、腮红），有无化妆、脱妆现象，颜色搭配是否统一和谐。

5.2 美目贴的使用方法

使用美目贴可以改变或调整眼部形状。常用的美目贴主要有三种，一种是宽的、小小的半圆形，这种双眼皮贴顺着睫毛的弧度贴；一种是窄的，成月牙儿形，这种双眼皮贴不能顺着睫毛贴，要顺着理想的的双眼皮纹路贴；还有一种是成卷的，要用剪刀剪出适合自己眼皮的宽度。

5.2.1 美目贴的作用

（1）美目贴可以美化眼睛，使眼睛看起来更大更有神，可以将内双的眼睛打造成外双。

图5-3

图5-4

（2）美目贴可以调整眼型。当两个眼睛大小不一时可以通过美目贴进行调整，还可以起到提升眼位和改善眼型的作用。

5.2.2 美目贴的种类

（1）纸带式

纸带式的美目贴其优点在于贴在眼睛上更加自然、隐形，而缺点是由于纸带式的美目贴硬度不够，材质较软，因此支撑力不够，保持的时间较短。特别是对于眼睛较肿的人群，不适合采用纸带式美目贴。纸带式美目贴的颜色一般与皮肤颜色相接近。（图5-3）

（2）胶带式

胶带式的美目贴其优点在于质地较硬，适合一切眼型的人群使用，特别是初学者，较硬的质地使得初学者在修剪和粘贴时较好掌握。而缺点在于因其白色和较硬较厚的特点，在粘贴到眼皮上时比较明显，不够自然、真实。

以上两种质地的美目贴除了图片上的卷筒状的，市面上还有已经修剪成型的可供大家选择。卷筒状的需要自己动手修剪出适合自己眼型的形状，已经修剪成型的可以直接贴于眼皮处。（图5-4）

（3）绢纱

绢纱质地的美目贴主要运用于影视化妆，需要采用专业的酒精胶粘贴，并用专业的卸妆液卸除。绢纱质地更加透明、柔软，在影视拍摄中不会因为灯光的反光而穿帮，另外专业的酒精胶能够使美目贴不易脱落，能够使带妆持续时间更长。

5.2.3 美目贴修剪的性质

（1）月牙形（标准形状）：适合任何眼型。

（2）前月牙形：适合内眼角狭窄的人群。

（3）后月牙形：适合后眼角下垂的人群。

（4）细月牙形：适合调整眼睛的形状，特别是两个眼睛大小不同的人群，还可以用于调整双眼皮的宽度。

5.2.4 美目贴粘贴的位置

眼睛的构造在上眼睑处有一道褶皱线，称为双眼皮褶皱线，这道线一般越靠近内眼角越狭窄。根据眼型不同，有的人群有双眼皮褶皱线，有的人群则没有，有的褶皱线很明显，有的则较弱。美目贴粘贴的正确位置应是：压住原有的双眼皮褶皱线来粘贴，既不能粘贴在双眼皮褶皱线以内，也不能完全粘贴在双眼皮褶皱线以上，这样都不能发挥美目贴的作用，达到美化和调整眼睛的效果。

5.2.5 美目贴的适用人群

（1）本来已经是双眼皮的人群，但是褶皱线不深、不明显，或是眼型不够理想，这种情况使用美目贴能够加深双眼皮褶皱线和加大双眼皮的宽度，效果明显。

（2）上眼皮较薄且有些松弛的人群，也是适合粘贴美目贴的，美目贴的硬度能够将薄而松弛的皮肤支撑住，粘贴美目贴的成功率高，效果明显。

（3）双眼大小不同，如：眼睛一个内双一个外双、一个双眼皮一个单眼皮，或是双眼皮宽度不同导致大小眼的人群，都非常适合粘贴美目贴，也可用美目贴将内双粘贴成外双、单眼皮粘贴成双眼皮、宽度窄的粘贴成与另一只眼睛相同，达到双眼对称的效果。

（4）上眼皮松弛或外眼角下垂，如：年龄较大者或经常化妆且卸妆方法不得当者，会使上眼皮松弛或眼睛下垂，这类人群可以通过使用美目贴改变现状，将松弛的眼皮提起来，将下垂的眼角适当提升，使眼睛显得年轻、有精神。

5.2.6　美目贴的不适用人群

（1）有一种人群比较特殊，在他们的上眼皮处有褶皱线，而且这条褶皱线不止一条，而是有很多条，但是每一条都不清晰不完整，这类人群的眼睛我们称之为假双，这类眼睛是不适合粘贴美目贴的，但是假双的眼睛在粘贴假睫毛后会使得其中一条褶皱线完整、清晰，所以建议假双眼睛的人群不要使用美目贴。

（2）对于眼皮既肿又过紧的人群，粘贴美目贴的成功率较低，所以这类人群也不适合粘贴美目贴。

表5.1中归纳了各类眼型的特点及是否适合粘贴美目贴。

表5-1　各类眼型对美目贴的适用情况

眼睛类型	褶皱线	睫毛线	可否粘贴	效果
双眼皮	有	外露	可以	好
内双	有	内藏	可以	好
假双	微弱	外露或隐藏	不可以	不好
单眼皮	无	隐藏	视情况而定	不太好

5.2.7　美目贴的粘贴技法

（1）根据眼型的需要，使用美工刀和弯头小剪刀，修剪出一段合适的美目贴。注意要将头尾的尖状修剪成弧形。

（2）闭上眼睛确定要粘贴的长度和宽度。单眼皮女生可根据喜好来选择，希望双眼皮褶皱线明显时，需要修剪得较粗一些，粘贴在眼皮较高一些的位置；内双的眼睛则粘贴在比原有双眼皮褶皱线高2 mm的位置；一个外双一个内双，或褶皱线一个较宽一个较窄，则以外双或较宽褶皱线的高度为标准粘贴。

（3）将修剪好的美目贴，用眉镊由眼头往眼尾方向贴。先将眼头固定，再将美目贴拉出顺势往眼尾方向粘贴，这样美目贴会更加平整并粘贴得更加牢固，不易脱落。

（4）美目贴的使用一定要在上底妆之前，这时的皮肤比较干爽，美目贴接触皮肤时会粘贴得比较牢固，如果上完底妆后再粘贴，油性的底妆会使得美目贴不易粘贴在皮肤上，而且在出油出汗时更加容易脱妆。并且，贴完美目贴再上底妆，能够使美目贴更加隐形，完美的底妆能够将美目贴与皮肤融为一体，天衣无缝。

（5）为避免美目贴产生反光效果，还可以在贴好的美目贴上轻拍一些散粉，或涂上眼影，这样就可以使粘贴成功的双眼皮既自然又漂亮。

5.2.8　粘贴美目贴时的注意事项（图5-5）

（1）美目贴的宽度一定要合适。特别是双眼皮褶皱线较窄的人群，更要注意美目贴的修剪宽度，太宽的美目贴会在睁开眼睛后挡住眼球。

（2）减少修剪美目贴的次数。在修剪美目贴时，要尽量一次成型，重复的修剪会使美目贴失去原有的粘度。所以初学者要加强练习修剪不同形状的美目贴，这样在实际操作中才能做到一次成功。

（3）美目贴的两头不宜太尖。在修剪美目贴时，刚刚修剪下来的美目贴通常两头都很尖，这时要注意将两头修剪成弧形。

（4）保证美目贴弧度的光滑。修剪美目贴时要注意上弧度的光滑，在修剪过程中，不能因为手抖而将美目贴剪成锯齿状。这也是需要加强练习的原因之一。

前后对比

贴美目贴之前　　贴美目贴之后

图5-5

5.3 修眉技巧

5.3.1 什么是修眉

修眉是人们为了使面部更好看、更清爽所采取的一种行为。通常需要借助刮眉刀、眉镊、剪刀等工具来对眉毛进行打理。修眉即是对眉毛的造型、形状、轮廓、线条进行人工的修整。

5.3.2 为什么需要修眉

眉毛是眼睛的框架，它为面部表情增加力度，对面部起到决定性的作用，即便你没有化妆，只要你的眉毛经过很好的修整，整个面部看上去也会很有型。精致的眉形，会让你的整体面容更具立体感。

（1）几乎所有的人都需要修眉，因为每个人的眉毛状态都会有不同程度的缺陷，如：眉形不理想、眉形不对称、眉毛过浓密或眉毛过稀疏等，都需要对眉毛进行修剪。杂乱无章的眉毛给人邋遢、慵懒的感觉。

（2）眉毛在脸型中是横向线条，完美的眉形能够调整脸型。

（3）眉毛能够体现一个人的性格，不同的眉形能够更好地体现个性。

5.3.3 修眉需要使用的工具

（1）刮眉刀

（2）刀片

（3）剪刀

（4）眉镊

（5）眉梳或眉刷

注：修眉工具的使用方法在第5.3.4小节眉毛的修剪方法中有详细的介绍。

5.3.4 眉毛的修剪方法

根据每个人眉型及需求喜好不同，从化妆的类型、方法和自身条件出发，选择适合需要的方法与工具，可以采取其中的某一种方法，有时也可以综合以下几种方法来修剪。

（1）拔眉毛：拔眉毛所采用的工具是眉镊，首次拔眉或者是毛发生长比较旺盛的人群，在拔眉之前最好用热毛巾将眉毛进行热敷，这样可以使眉毛部位的组织松软，毛孔张开，拔的时候就能够减少疼痛感。拔眉时，一只手撑开眉毛周围的皮肤，另一只手拿眉镊，顺着眉毛生长的方向，一根一根地斜向连根拔除。刚拔完眉毛时，皮肤会因为受到刺激而泛红，所以在大面积需要修剪时，我们一般不采用拔的方式，只是在少许杂毛出现的地方才会采用这样的方式。（图5-6）

图5-6

（2）刮眉毛：刮眉毛所采用的工具为刮眉刀或刀片，专业化妆师一般采用刀片，但初学者或多为自己化妆的人群，建议使用刮眉刀。刮眉刀刀头较小，刀锋处有保护层，还有手柄设计，这样操作起来较容易，也不会刮伤皮肤。刮眉时，左手大拇指向上提拉眉骨，将眉毛周围的皮肤撑开，右手拿刮眉刀，逆着眉毛生长的方向，齐根刮除。

刮眉比拔眉更加迅速快捷，效果也更为显著，刮完后可立即显现出眉型，而且皮肤也不会像拔眉毛时那么疼痛。但初学者在刮眉时技术不娴熟，经常有刮缺、刮坏的时候，建议如果没有把握，可以先用眉笔画出所需眉型，再使用刮眉刀刮眉。有时还会在皮肤上来回刮，导致皮肤红肿甚至破损，所以要想修剪出完美的眉型，不是一日之功，需要长期的练习。（图5-7）

（3）剪眉毛：修剪眉毛所采用的工具是一把弯头小剪刀，修剪眉毛前先利用眉梳或眉刷，由眉头向眉峰的位置将眉毛梳顺，眉峰至眉尾的眉毛则要向下梳理，将长于眉型的眉毛剪短，把眉毛边缘以水平的剪法剪出整齐的弧线。切记剪刀要一小部分一小部分地来修剪。如果眉毛太长，可用钢梳将眉毛挑起后剪短。修剪时眉尾部分可留得稍短，靠近眉头处要留得长一些。（图5-8）

5.3.5 眉毛的修剪步骤

（1）根据脸型确定所要修剪的眉形。

（2）将刷子平放在两只眉毛的上方，用于检查两边眉峰的高度，如果两边眉峰的高度相差超过0.3 cm，才需要修眉峰，使两边的眉峰高度一致。一般情况下，不建议修眉毛时修眉峰处，特别是初学者，不建议轻易修剪眉峰，这样非常容易将眉毛修秃。

（3）在开始修剪时，应该先使用刮眉刀或刀片将眉眼之间的杂毛刮去，对于不会修剪眉毛的人群，也可以先用眉笔画出所需眉型，再用刮眉刀将眉型之外的眉毛刮去。

（4）对于非常靠近眉型的细小杂毛，为防止修眉刀修剪范围不好控制而出现修秃的现象，这时可以采用眉镊顺着眉毛成长的方向一根一根地拔除。

（5）眉毛过于浓密的人群，也可以利用眉镊在眉毛中不同的地方，特别是非常浓密的地方拔掉少许几根，这样能够从视觉上减低眉毛的浓密感。

（6）双眉距离太近的，可以适当地拔去少许眉头的眉毛，但一定要少。双眉距离远的，切记不要修剪眉头的眉毛。眉眼距离近的，尽量修剪下排的眉毛；眉眼距离远的，尽量修剪上排的眉毛。

（7）使用眉梳或眉刷，将眉毛从眉头向眉尾方向梳顺，再用弯头剪刀将长于主眉型的眉毛剪短。

（8）修剪后的眉毛周围的皮肤毛孔会张开，此时可以使用收敛性的化妆水轻轻拍打至皮肤吸收，达到收缩毛孔的目的。

5.4 底妆步骤及注意事项

5.4.1 粉底的作用

在化妆过程中，底妆是整个化妆效果的基础，是基底。一个完美的妆容离不开无瑕的肌肤底色，试想只有在一张干净白皙的纸张上，才能描绘出最美的图画，才能突显艳丽的色彩。粉底的作用主要有调整均匀肤色、紧致提升皮肤、修正脸部形状、改善皮肤质感、掩盖脸部瑕疵等。

（1）调整均匀肤色：每个人的皮肤都会有一些不完美的地方，特别是随着年龄的增长，随之而来的皮肤问题也越来越多，在不同的生长环境下，有的人的肤色会变得暗黄、粗糙、黑色素沉淀，肤色也不均匀。在化妆造型中，选择适合自己皮肤状态、颜色的粉底涂抹在皮肤上，能够提亮肤色，使脸部皮肤光滑、白皙、均匀、柔和、明亮。如何选择合适的粉底颜色？在生活中或是职业形象设计中，粉底的颜色要尽量与肤色相近，或是略浅一个色号。不同品牌的粉底其色号的代表值不同，在选择时对应选择。过白的粉底如同带上了一张面具，给人感觉太假，不够自然。过深的粉底会使皮肤过于暗沉。在选择购买粉底时，我们可以使用少许试用装，在脸颊与脖子相接的地方涂抹，感觉颜色与肤色相适应或略浅，就是适合自己肤色的粉底。当然时间不同、地点不同、场合不同时，粉底色的选择也应稍作改变。

（2）紧致提升皮肤：在选择了合适的粉底产品完美地打造底妆后，皮肤状态

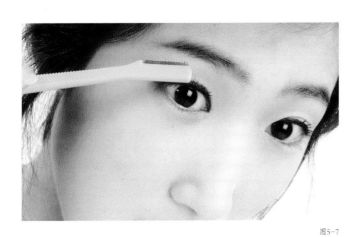

图5-7　　　　　　　　　　　　　　　　图5-8

会从视觉上有很大的变化，洁净无瑕的肌肤不但会让皮肤看起来白皙、均匀，更会使人年轻、焕发青春光彩，使老化、下垂的肌肤从视觉上提升肌肉线条，使皮肤看起来更加紧致。

（3）修正脸部形状：在修正脸部形状这一作用中，主要是通过立体粉底的打造来得到体现。如通过哑光较深的粉底涂抹在脸部的外轮廓，使皮肤收缩、紧致，将珠光较浅的粉底涂抹在脸部的内轮廓，使内部轮廓，如T区（额头、鼻梁）、C区（外眼角外侧半圆形）、下巴等部位突出，使脸部呈现出立体感，达到修正脸型的目的。

（4）改善皮肤质感：通过不同质地的粉底打造出不同质感的皮肤。珠光粉底可以使皮肤有光泽、透明、水嫩、有时尚感，但是珠光质地的粉底适合皮肤状态好的人群，在拍照或上镜头时不宜使用，因为珠光粉底虽然能让肤质看起来有光泽，但在灯光下具有放大、反光的效果。哑光质地的粉底使皮肤紧致、清爽、不油腻，适合皮肤状态较差的人群，而且其收缩的作用适合暴露在灯光下。

（5）掩盖脸部瑕疵：每个人的脸部肌肤都会有这样或那样的瑕疵，大面积的瑕疵我们可以通过涂抹粉底来进行遮盖，而一些小且特别明显的瑕疵我们就需要通过专业的遮瑕产品来进行遮盖，如：黑眼圈、颜色较深的色斑、红血丝、痘印、痣等。不同的问题我们需要通过不同的遮瑕产品来遮盖，但一定要与粉底很自然地衔接，使皮肤看起来更干净、自然。

①遮盖黑眼圈：采用橘粉色的遮瑕膏遮盖黑眼圈。为了防止太多干纹的出现，眼部涂抹遮瑕膏前，建议先抹上保湿眼霜。将橘粉色遮瑕膏点在黑眼圈位置后，用无名指轻轻地将遮瑕膏向四周推匀。最后再轻拍上一层接近肤色的遮瑕膏让遮盖的部位颜色更自然。

②消除痘印：采用绿色遮瑕膏消除痘痘或痘印。有痘痘或痘印的肌肤，可以先用棉棒蘸取绿色遮瑕膏，点在痘印中间，之后轻轻晕开至覆盖住整个暗疮或痘印。痘印中间的位置应该留有较厚的遮瑕膏来遮挡红色，边缘部位和肤色渐渐融合在一起，最后再扫上散粉就可以掩盖住痘印了。

③遮盖色斑：采用浅色粉底膏。有色斑的肌肤，可以用无名指蘸取比粉底浅一到两个色号的粉底膏，轻轻地点在色斑上，再与周围的肌肤融合在一起。

5.4.2 粉底的用法及使用工具

1．海绵：海绵操作容易、效果好、价格实惠

（1）海绵的优缺点

优点：质地柔软舒适，容易操控，上粉均匀服帖。

缺点：吸收过多粉底造成浪费，使用寿命短。

用海绵抹完粉底，再用海绵的反面或者干净的地方按压全脸，把浮在面上的粉底吸走，也可以把不均匀的地方压得更均匀，这样底妆看起来就会更轻薄、更有质感。

（2）如何使用海绵涂抹粉底

在使用海绵涂粉底时一定要将海绵先喷上化妆水或爽肤水，这样涂抹出来的粉底才会更加贴合皮肤，使定妆更加轻薄自然。涂抹时用湿润的海绵蘸取粉底，在额头、面颊、鼻部、唇周和下颌等部位，采用推、拉、按、压的手法，由上至下，由内至外依次将粉底涂抹均匀，而在鼻翼两侧、下眼睑、唇周围等海绵难以深入的细小部位可以将海绵叠起或者用小边角来涂抹，瑕疵部位可以多点拍几次。另外，特别要注意的是各部位的衔接一定要自然，不能有明显的分界线。

2．粉底刷：粉底刷是打粉底最专业、最强的工具（图5-9）

（1）粉底刷的优缺点

优点：粉底刷能完整地保留粉底的原有质地，操作灵活而且刷出的底妆厚薄均匀，使用寿命长，清洗保养容易。

缺点：携带不太方便，需要多加练习才能掌握技巧。

（2）如何使用粉底刷涂抹粉底

在刷脸颊、额头、鼻子和下巴等面积较大部位时，粉底刷与皮肤的角度保持在30°左右，而在刷鼻

图5-9

翼、眼周、嘴角的时候，就要把粉底刷竖起来，刷头能很灵巧地照顾到这些细小部位。另外就是握刷的轻重问题，由于粉底刷的刷头弹性很大而且相对较硬，所以所用的力度一定要把握好，太轻容易有刷痕，太重会刷得很不均匀，在脸上留下一道道的痕迹。

3．手：手有温度、柔软，是最方便的工具

（1）手的优缺点

优点：方便易操作，力度容易掌控，且手上的温度能够使粉底与皮肤更好地贴合。

缺点：容易留下指纹，在眼底、下巴和鼻翼等细节处容易不均匀。

（2）如何使用手涂抹粉底

先取适量粉底霜或粉底液，分别点在额头、鼻尖、两颊和下巴等部位，然后用无名指和中指，而且要两个手同时操作，由上往下从额头到脸颊再到下巴，双手分别往左右两边呈一字形轻轻推开，然后双手轮替着从眉心到鼻尖呈"1"字涂抹。用以上方法基本推匀后，在手法上就要慢慢将"推"转为按压，把"推"产生的不均匀纹理压匀。

5.4.3　粉底的要求

非均匀涂抹：在涂抹粉底时，我们不需要在整张脸上均匀地涂抹粉底，而是在皮肤状态较差的地方涂抹得相对厚一些，在皮肤状态较好的地方，只用涂抹得薄一些甚至一带而过，这样涂抹出来的粉底效果会更加自然、清透。

5.4.4　涂抹粉底的注意事项

（1）在涂抹粉底时要注意与脖子的衔接。

（2）注意脸部的小角落，如：鼻翼、嘴角、眼角、眼睛下方等。

（3）在涂抹粉底时，不要将粉底打到眉毛里。

5.4.5　立体粉底

1．立体粉底的对比关系

立体粉底的原理是通过色彩中的深浅、明暗对比关系，使用深浅不一的粉底在同一张脸上的不同部位进行打造，达到增强脸部立体感的目的。

2．标准脸型："三庭五眼"

所谓"三庭"是指脸部的长度比例，即从发际线至下颌分为三等份。标准的脸型应为"上庭=中庭=下庭"。

①上庭：额头发际线至眉心之间的距离。

②中庭：眉心至鼻底之间的距离。

③下庭：鼻底至颌底之间的距离。

所谓"五眼"是指脸部的宽度比例，即从正面看，脸部的宽度以一只眼睛的长度为衡量标准，平均分为五等份。

右耳至右眼外眼角的距离=右眼长=两眼间距=左眼长=左眼的外眼角至左耳的距离

3．立体粉底颜色的选择

（1）浅的颜色：浅色的粉底具有膨胀扩展的作用。在选择浅色的粉底打造立体粉底时，最好不要选择含有珠光成分的粉底。

（2）深的颜色：深色的粉底具有收缩的作用。在选择深色的粉底打造立体粉底时不要选择颜色发红的产品。

（3）在打造立体粉底时，深浅度变化越大，对比越强烈，效果越好，但其缺点是可能会不自然；深浅度变化越小，对比越小，效果不够明显，但其优点是很自然。

4．立体粉底的打法

（1）先选择与肤色最接近的粉底颜色，在全脸涂抹粉底，其要求参照前面讲到的粉底的打法。

（2）选择比基底颜色深一至两个色号的粉底，涂抹于发际线至颧弓下线的位置，其方法是由后向前涂抹，颜色由后向前越来越浅，最后衔接到自然肤底的颜色。圆脸型适合做三角形的暗影，方脸型适合做弧形的暗影。

（3）选择比基底颜色浅一个色号的粉底，涂抹于需要提亮的位置，如：T区、C区、下巴、额头以及眉骨。

（4）用定妆粉将脸部整体定妆，再使用修颜粉加强暗影及提亮的部位。

图5-10

图5-11

5．注意事项

（1）把握好暗影的颜色和衔接。

（2）关于立体粉底中需要提亮的部位，不同的脸型地方不同。

（3）在打造立体粉底时，先做基底的颜色，再做暗影，最后再提亮。

（4）打造完整个立体粉底后，先定妆，再使用修颜粉。

5.4.6 完美定妆

化妆品使用规律：粉碰粉，油碰油。

定妆粉的涂抹方法（图5-10）：

（1）先将适量散粉倒入盒盖里，使用散粉刷蘸取少量散粉轻轻点在脸上的各个部位，需要少量多次地上粉，用手指背碰触脸上的不同部位，感觉不油腻，不黏手，很清爽，就说明定妆粉的量足够了，如果不行，需要重复以上动作。

（2）选择一块干净的粉扑轻轻按压全脸，使定妆粉与肌肤更加贴合，不易脱妆。

5.5 眼影的选择与使用

5.5.1 平涂式眼影技法

平涂式眼影就是采用单色或复合色（将两种或两种以上的颜色融合在一起），从睫毛根部开始均匀地涂抹到眼睑上。

1．平涂式眼影的范围

最大范围不宜超过眉眼距离的二分之一。如果范围太大会使眉眼距离缩短，使妆容显得过于夸张；太小则又完全看不出来。

2．平涂式眼影的形状

常见的眼影形状：眼头眼尾呈尖状，最高点在黑眼球的外边缘的垂直线上，眼尾高于眼头。

3．平涂式眼影的画法

晕染平涂式眼影时，由睫毛根部开始逐步向上晕染。为了提升眼妆的层次感，让双眼更具神采，睫毛根部的眼影描画应更浓，色彩应更深一些，然后逐渐向上由深到浅慢慢消失在眼皮上。在眉骨处用亮色提亮，增加脸部立体感，与眼影上方自然衔接。（图5-11）

4．对眼影的要求是有形无边。

5.5.2 渐层式眼影技法

1．渐层式眼影的定义

渐层式眼影是指用单色或复合色从睫毛根部开始，颜色渐变，由深至浅地变化，逐渐晕染出层次的效果。

2．渐层式眼影的特点

渐层式眼影的特点在于层次感、颜色的渐变（眼影的颜色从睫毛根部开始，由深至浅逐渐消失）。

（1）单色渐层：是指用一种颜色来打造渐层式眼影，其技法是加深睫毛根部。

（2）复合色渐层：是指用两种或两种以上的颜色进行渐层式眼影的打造。其颜色的选择应该根据不同的场合进行搭配。使用最多的是同色系，也可以是邻近色系。在打造创意时尚妆容时，也可以使用对比色系，这种颜色的搭配具有很强的视觉冲击力。

3．渐层式眼影的范围

其范围的大小与平涂式眼影相同。最大范围不宜超过眉眼距离的二分之一。但如果是创意时尚妆容则可以将范围扩大到整个眼窝。

4．渐层式眼影的画法（图5-12）

（1）先用珠光粉色在整个眼眶上均匀涂抹，其作用在于提亮整个眼皮的色调。

（2）第一层的颜色选择同色系中最浅的，采用平涂式眼影的技法，均匀地涂抹在眼皮的123区（上眼皮从眼头至眼尾平均分为三段，眼头部分为1区、眼中部分为2区、眼尾部分为3区）。

（3）第二层的颜色选择比第一层颜色深的，通常可以使用同色系中最深的颜色来进行涂抹，以平涂式眼影的技法均匀地涂抹在眼皮的123区，其范围小于第一层。

（4）第三层的颜色选择比第二层颜色更深的，通常可以使用同色系中最深的颜色混合黑色来进行涂抹，以平涂式眼影的技法均匀地涂抹在眼皮的123区，其范围小于第二层。

（5）最后颜色深到睫毛根部，就是眼线的颜色。

（6）下眼影选择第三层的颜色，由眼尾向眼头方向涂抹。

（7）使用珠光白提亮眉骨处，增强眼部的立体感。

5．渐层式眼影的注意事项

（1）颜色越深范围越小，颜色越浅范围越大。

（2）注意层与层之间的衔接，一定要晕染，使用大的眼影刷在眼影的边缘线进行晕染，衔接层与层之间颜色的过渡，最后衔接到皮肤颜色。

（3）在颜色的选择上尽量在同色区或邻近色区。

渐层法

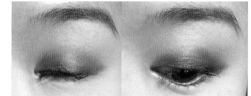

图5-12

5.6 眼线的选择与使用及睫毛的修饰

5.6.1 眼线的选择与使用

1．眼线的作用

（1）美化：通过眼线的描画让眼睛的边缘线更加清晰，加强与眼白的对比效果，使睫毛线更加浓密，加深眼部轮廓，使眼睛看起来更加深邃动人。

（2）调整：可以通过不同形状眼线的描画，达到调整眼型的作用，在描画前需要了解什么样的眼睛需要调整，以及需要调整到什么样的眼型。

2．标准眼线的位置（图5-13）

图5-13

标准眼线是指在描画眼线时，无须调整眼睛的形状，只需要使睫毛线更加浓密，眼睛明亮有神。这种标准眼线描画的位置是眼睫毛的横切线，也就是睫毛线的位置。

3. 标准眼线的画法（图5-14）

（1）让模特斜向下看，微闭眼睛，给自己描画眼线时，可以在眼睛的下方放一面镜子，眼睛尽量朝下看。

（2）用手轻轻提拉眉骨，使睫毛线充分地暴露出来，让睫毛线横切面清晰地显现。

（3）初学者可先采用打点的方式，先将睫毛中间的缝隙填满，千万不可以留白，否则会很难看。

（4）打点后，再从眼头向眼尾的方向描画，描画到最后一根睫毛线。

（5）在描画标准眼线时，眼头、眼尾稍细些，眼睛中部稍粗些。

（6）眼线的宽度根据双眼皮褶皱线的宽度来决定，不超过双眼皮褶皱线宽度的1/2，否则会把双眼皮画成单眼皮。

（7）眼线应该是一条平滑的弧线，不能画成锯齿状。

（8）下眼线的位置是紧贴睫毛线。根据妆容的要求来确定长度，浓妆时，要勾画整个下眼线；淡妆时，上眼线：下眼线=7：3，下眼线从眼尾向眼头方向描画。

4. 眼线的要求

眼线颜色最深的地方在眼尾，颜色逐渐变淡消失，同时下眼线要浅于上眼线。

5. 眼型与眼线（图5-15）

（1）单眼皮：在描画单眼皮的眼睛时，可以将重点放在眼尾和下眼睑，将上眼线拉长，与下眼线相交。

（2）小眼睛：在上下睫毛线都描画较粗的眼线，并且将眼线与眼影做晕染。

（3）细长眼：在描画眼线时，从眼头到眼尾画满，并在黑眼球的位置，即眼线中央的部位加粗，眼尾处的眼线千万不要延伸，可在不到外眼角处微微上翘。下眼线外眼角处加粗，并使用白色眼线笔勾画内眼线。

（4）圆眼睛：用眼线适当延长内外眼角的长度，黑眼球上方的眼线保持原有的宽度，眼尾至外眼角的眼线逐渐加粗加长，眼线的尾部略微向上翘，画下眼线时适当地拉长眼线尾部的线条，同时稍稍勾勒出自然上翘的弧度，然后保证其连接的平滑度就行了。

 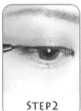    

STEP1	STEP2	STEP3	STEP4	STEP5	STEP6
抬起眼皮，用眼线笔从眼尾开始描绘	前眼角向中间描绘，与眼尾处相连	用眼线笔在眼线滚上覆盖，使眼线变粗	将睫毛根部的空隙完全填满	抬起眼尾处的眼皮，将眼线拉长	下眼线需要将下眼皮的睫毛根部填满

心机TIPS：睫毛膏根部的眼线一定要认真填满，绝不能留出空白死角！

图5-14

图5-15

（5）吊眼睛：吊眼睛的特点是外眼角略向上，俗称丹凤眼，具有强烈的东方特点。在描画眼线时，需要加宽内眼角的眼线，画至眼睛中间的时候逐渐变细，到外眼角时略向下拉。描画下眼线时，从外眼角睫毛根部起由粗变细，往内眼角方向，消失在黑眼球下方。

（6）下垂眼：下垂眼的特点是外眼角下垂，给人衰老、没精神的感觉。在描画眼线时，先在上眼睑睫毛根部画一条前细后粗的眼线，至外眼角处自然地向上挑起。下眼线从黑眼球下方开始描画，沿着下睫毛根部向外眼角延伸，并与上眼线自然会合，形成新的外眼角。

（7）肿眼泡：重点刻画眼线，用黑色眼线的浓重感来减弱眼睛浮肿的感觉。

（8）两眼距离较宽：眼距稍宽的人群，在描画眼线时，上眼线沿着眼型画，关键在于眼头部分，可以向前画出2~3 mm，以拉长眼头。眼尾部分不用过度加宽。下眼线从眼头向眼尾方向1/3即可。

（9）两眼距离较近：眼距稍近的人群，在描画眼线时，上眼线顺着眼型画，在眼尾处向外延展2~3 mm，舞台妆可以再长一些。重点在于眼头要淡，眼尾要加长。下眼头留出1/3不画。

5.6.2 睫毛的修饰

1.真睫毛的修饰

俏丽浓密的睫毛不但能够使眼睛更加神采奕奕，也会为女性增添几分妩媚。细长、弯曲、乌黑、闪动而富有活力的睫毛对眼型美，以至整个容貌美都具有重要的作用。真睫毛的修饰包括夹睫毛和涂抹睫毛膏两个步骤。

（1）夹睫毛的方法（图5-16）

①眼睛斜向下看，让睫毛线充分暴露出来。

②先从睫毛根部开始夹，睫毛夹与上眼睑完全贴合，每夹一次需要长压8~10下，才能够使睫毛成型。当睫毛根部夹好后，不要马上结束，应将睫毛夹微微松开，同时手微微抬起，夹到睫毛中部，最后夹到睫毛尖部。根据睫毛的长度选择夹两段或三段。

③睫毛根部是夹睫毛时的重要部位，起支撑的作用。

④睫毛弧度需要夹到85º，这是睫毛最漂亮的角度，可以让黑眼球完全露出来。

⑤注意夹睫毛一定要在涂抹睫毛膏之前完成，因为涂过睫毛膏的睫毛又硬又挺，而且睫毛膏有一定的黏度，用睫毛夹夹卷容易使睫毛受伤断裂。

（2）刷睫毛膏的方法（图5-17）

①浓密型睫毛膏：由睫毛根部开始向睫毛尖部以"Z"字形动作刷上睫毛，这种刷法可以使睫毛更加浓密。

②纤长型睫毛膏：适合睫毛浓密但较短的人群，在刷睫毛时垂直于睫毛根部由下向上刷，用睫毛梳在睫毛膏半干的情况下把打结的睫毛梳开，会使睫毛根根分明且纤长。

对于睫毛较短且很稀少的人群，我们要同时使用多款不同功效的睫毛膏。在使用时先上睫毛打底膏，再使用浓密型睫

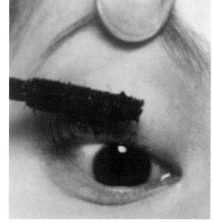

图5-16   图5-17

毛膏，最后使用纤长型睫毛膏，完成后重复以上动作两到三次。

在刷睫毛时，应把上睫毛分为三部分。中间区域的睫毛向上刷，眼头和眼尾位置的睫毛都是向外刷，这样就可以凸显出浓密、大而有神的眼睛了。

用梳子状的下睫毛专用刷轻轻地把下睫毛梳理一下，这样就可以让下睫毛变得更加纤长浓密，而且根根分明。

2．假睫毛的修饰

（1）假睫毛粘贴的位置：紧贴睫毛根部，稍靠后，不宜太靠近内眼角的位置。

（2）假睫毛与眼型的关系：要想将眼睛调整成圆型，可加密眼睛中部的睫毛；要想将眼睛调整成长型，可加密眼睛尾部的睫毛。

（3）粘贴假睫毛的工具：假睫毛、睫毛胶、镊子。

（4）粘贴假睫毛的方法：

①修剪假睫毛：根据眼睛及妆容的情况来修剪假睫毛的长度，一般假睫毛比眼睛的长度长，而常用的假睫毛内眼角短、外眼角长，在修剪时要注意对称及左右眼睛的不同。

②涂抹胶水：在假睫毛的根部涂抹睫毛胶，注意眼头、眼尾容易开胶，所以在涂抹胶水时要相对多涂抹一些。涂抹完睫毛胶后，不宜马上粘贴假睫毛，应等10~20 s胶水有粘性后再进行粘贴。

③粘贴假睫毛：用镊子夹住假睫毛中部，先粘贴中部，然后再贴眼头、眼尾。

④待睫毛胶完全干后，用睫毛膏在假睫毛的里侧向上涂，使真假睫毛粘在一起，这样使假睫毛更加真实。

5.6.3　画眼线与修饰睫毛的步骤

描画眼线→夹真睫毛→刷睫毛打底膏→粘贴假睫毛→补眼线→使眼线与假睫毛更好地融合。

5.7　不同脸型的画眉技巧

5.7.1　眉毛的名称

（1）眉头：眉毛的前端为眉头。

（2）眉尾或眉梢：眉毛的外端为眉尾。

（3）眉峰：眉毛的最高点称为眉峰。

（4）眉中或眉腰：眉头至眉峰中间的位置称为眉腰。

5.7.2　眉毛的生长方向

（1）眉头部分呈扇形生长，即向前、向上、斜向后呈扇形生长。

（2）眉腰部分的上层斜向下，下层斜向上。

（3）眉峰部分上半部分斜向外下方生长，下半部分斜向外上方生长。

（4）眉尾部分斜向外下方生长。

眉毛中眉腰至眉峰之间颜色最深，眉头比眉尾颜色浅，眉头低于眉尾。

5.7.3　标准眉型

（1）标准眉头：位于鼻翼至内眼球的延长线。

（2）标准眉尾：位于鼻翼至外眼球的延长线。

（3）标准眉峰：位于黑眼球外边缘的垂直延长线上，眉毛的2 / 3处。

5.7.4　眉型的特点

（1）平眉：平眉的眉头、眉峰、眉尾基本在同一条直线上，平眉显得年轻、自然、可爱。（图5-18）

（2）柳叶眉：柳叶眉纤细秀美，弧度柔和流畅，体现女性的柔美。（图5-19）

（3）高挑眉：高挑眉的眉峰高挑，此类型的眉毛显得冷艳高贵，适合脸型丰满的人群，可以拉长脸型。（图5-20）

（4）八字眉：八字眉是指眉头高、眉尾低，眉型下挂，给人感觉没精神，显得悲观。

5.7.5 画眉的方法（图5-21）

（1）先确定三点，即眉头、眉峰、眉尾的位置。

（2）根据头发和眉毛的浓淡来选择眉笔的颜色。

（3）用眉笔顺着眉毛的生长方向，在眉毛空缺的地方一根根填补。

（4）用眉刷粘上眉粉，先从眉峰开始刷到眉尾，然后用余粉刷刷眉头，眉头的颜色要比眉峰以及眉尾浅，才会看着舒服、有立体感。

（5）用螺旋刷梳理整齐眉毛，把多余的颜色刷掉，使眉毛更加自然和谐。

5.7.6 眉毛与脸型

（1）圆脸型：给人感觉圆润、亲切、可爱、无轮廓，因此在描画眉毛时眉峰应有棱有角。

（2）方脸型：两边颧骨较宽，有棱角，所以在描画眉毛时眉峰应尽量圆润一些。

（3）长脸型：长脸型的特点是宽度不足、长度有余。在描画眉毛时，应将眉毛拉平拉长，从视觉上拉宽脸型，适合平眉。

（4）由字脸型：给人感觉富态，适合柔和一点的眉毛，眉型尽量放平缓一些。

（5）申字脸型：给人感觉机敏，适合平、长、细一些的眉毛。

规律：脸型有棱角，眉毛的处理应圆润；脸型较圆润，眉毛的处理应有棱角、显得高挑。

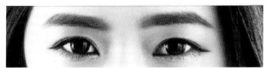

图5-18 　　　　　　　　　　图5-19 　　　　　　　　　　图5-20

1.修理眉形　　2.梳理眉毛　　3.勾勒整体眉形　　4.淡化眉头

5.增加眉毛立体度　　6.补全眉毛上空色部位　　7.有眉膏的可以用眉膏，没有就再次用眉粉　　8.可以用相近的眼影过渡下眉头颜色

图5-21

图5-22

5.8 正确使用腮红

5.8.1 腮红的作用

（1）美化皮肤：腮红可以增添好气色，增加脸部肌肤的红润感，制造出粉嫩透明的肤色。

（2）调整脸型：通过不同技法的腮红打法，可以调整脸型，使脸型更加接近于标准脸型。

5.8.2 腮红的位置

腮红颜色的重点在颧骨上，呈晕染状态，周围慢慢变浅、淡化。

上限：不宜超过外眼角的延长线。

下限：不宜超过鼻底至耳底的延长线，否则会显得脸部肌肉下垂，增加年龄感。

前面：不宜超过黑眼球的垂直线。

5.8.3 腮红的打法（图5-22）

从鬓角开始斜向鼻尖方向，在颧骨上做晕染。

（1）标准腮红：颜色在颧骨上最深，周围颜色慢慢变浅。

（2）团式腮红：以打圈的方式打腮红，重点在颧骨上晕染。

（3）结构式腮红：像"八"字，适合模特和外国人，能够拉长脸型，显得脸部有立体感，颜色最深的地方在鬓角，斜向鼻尖方向，重点在颧骨下方。

（4）结合式腮红：重点在颧骨上，斜向鼻尖方向，在颧骨上做晕染，与标准腮红相似。

5.8.4 腮红与脸型

（1）圆脸型：圆脸型无线条感，脸型不够立体，给人肉嘟嘟的感觉。腮红应斜向鼻尖方向打造，用以拉长脸型，适合结构式。

（2）方脸型：方脸型的特点是宽、正、硬，给人中性的感觉。由于方形脸的人群颧骨一般较高，因此在打造腮红时应尽量避开颧骨，腮红靠后做晕染。

（3）长脸型：长脸型脸的人群一般中庭较长。在打造腮红时，需要拉宽脸型，应采用横向方式，适合结合式。

（4）甲字型：甲字型脸的特点是额头宽、颧骨宽、下巴尖。这类脸型较标准，可按照标准腮红来进行打造。

（5）申字型：申字型脸的特点是额头窄、颧骨宽、下巴尖。这类脸型在打造腮红时应靠后，避开颧骨，同方形脸。

5.8.5 注意事项

（1）注意颜色的晕染过渡。

（2）注意腮红边缘线的衔接。

（3）注意腮红颜色的选择（腮红的颜色与口红颜色保持在一个色系中）。

5.9 标准唇型与色彩选择

5.9.1 标准唇型

（1）上唇/下唇=1/1.5。

（2）唇的长度：两只眼球的内边缘的垂直延长线之间的距离。

5.9.2 唇部的名称

上唇、下唇、唇峰、唇珠、唇谷、唇角。

5.9.3　唇峰与个性

（1）唇峰距离比较近，能够给人年轻、可爱的感觉。

（2）唇峰距离比较远，具有成熟的韵味。

（3）唇峰比较圆润的，更具女人味，温柔、亲和、妩媚。

（4）唇峰比较尖锐的，会给人滑稽、刻薄的感觉。

5.9.4　画唇方法

（1）唇色暗淡时的画唇方法

①上底妆时，嘴唇也涂上一些粉底。

②选择一支和唇色相近的打底唇膏先擦上，这样就可以让唇色均匀起来。

③使用亮色唇膏在双唇上色后，将薄面纸轻轻覆盖在双唇上。

④用粉扑或粉刷沾少许蜜粉，轻刷面纸所覆盖的唇部，然后轻揭起面纸，唇色就会更鲜明、持久。

（2）唇型不明显或唇型不佳时的画唇方法

①先使用手指或刷子蘸取金色或珍珠光眼影轻轻点饰在上唇的外围。

②用唇笔清楚地勾勒出整个唇型。

③将唇刷沾湿，顺着唇线往唇中央刷匀。

④最后使用唇膏上色，就能展现轮廓明显且自然的唇型。

（3）唇型太厚或太薄时的画唇方法

唇型太厚：

①先用唇膏为双唇上色。

②以遮瑕刷轻轻勾勒唇角两侧及上下唇两侧外围。

③于下唇中央重复加强唇膏上色，凸显唇部的饱满部位，将最明亮的唇彩刷于下唇中央，这样就能自然地掩饰唇型过厚，将人的视线集中在唇部中央。

唇型太薄：

①先用和唇膏同色系的唇线笔勾勒上下唇轮廓，可以稍微画出界一点点。

②用唇膏上色，可使上唇的颜色浅些，下唇的颜色深些，就会出现轮廓自然、丰满迷人的双唇效果。

6 职业发型设计

6.1 职业发型设计的概念

在现代人的眼里，每一款新潮的发型都代表一个人个性的弘扬。

美不是固定和一成不变的，它是随每个人自身条件的不同而相应变化的，发型设计也是一样。在塑造和设计发型时，应考虑到身高、体态、颈部长短、性格、气质等不同情况，它们是相辅相依的。发型设计要与人体的自然条件相互协调，才能够达到发型设计的完美。根据各行各业的特性设计出与职业搭配的完美发型就是职业发型设计。

当前，越来越多的企业开始注重企业形象，除了从本身企业文化等方面着手以外，更多的企业也开始注重外表，职业装也已经开始成为提升企业文化的法宝。工作人员穿上统一制服，势必会增加企业内部的凝聚力，增强责任心，有助于提高企业的整体风貌和文化形象，并间接反映出部门或行业的综合实力以及经营者的气魄。有了职业装后，与之而来的就是职业发型设计了，应该以合适的发型搭配职业装。万事开头难，人体穿着也是一样的，即使衣服穿得再好看，发型不好，整体也发挥不到极致。职业与发型的完美搭配也是有学问的，所以别让你的发型干扰了你职业魅力的展现，职业与发型的完美搭配会让你更有自信。

6.2 职业发型的特征与分类

职业发型的特征往往与职业之间有着不可分割的关系，我们会根据自己气质的不同来选择不同的发型，我们同样会根据自己职业的不同来选择合适自己的发型。职业发型的整体表现是比较简单的，发型能够体现出职业的特点来。职业发型的梳头方法也是结合这样的发型来表现的，梳出来的头发只要能够表现出发型的整齐和发型的层次特点就能很好地把职业发型展示出来，这也是它在发型中的最佳展示。

职业发型怎么梳才好看？俗话说，三百六十行，行行出状元，各行各业都有自己独特的工作内容和工作环境，要做一位成功的女性，发型可是不能忽视的重点。也许，你会在美丽和职业化两个标准之间摇摆挣扎，但其实只要注意了一些基本的原则，美丽和干练就可以兼得。协调好你的发型风格和工作环境，从事不同职业的人可以有不同的发型造型风格。

我们将发型分为以下五大类：

6.2.1 直发

直发可以分为短直发、长直发、碎直发等。

短直发适合于运动员和体育爱好者，因为他们往往需要长期训练。短直发的发型特征是干净利落，留发较短，线条简洁流畅，发型持久，易于梳理。这种发型对露天操作工作者也较适宜。（图6-1、图6-2）

图6-1   图6-2

短直发是女生清爽靓丽的体现，作为职场女性，清爽的短发可以让你给客户和同事留下好的印象，能够突出你精明能干的一面。另外，无论留什么发型，最重要的就是干净和整齐，至少要6~8周修理一次。如果头发长得快，4~6周就需要修理了。挑选头发护理产品也是关键。放弃那些让你的头发看起来非常僵硬的定型和护理产品，选择一些能带来柔软光泽的产品，这样既能跟上潮流，又显得非常职业化。

长直发打造淑女气质，一头顺滑的长发披肩，一向给人干净利落的印象，彰显女性柔美可爱的情怀，这类发型适合学生、接待员，也适合职场女性。（图6-3）

直发注意事项：

①短直发：要稍微长一点，前面的刘海要小心打理，切忌蓬乱。

②长直发：注意保持长发的干净和光亮。否则的话，会显得非常邋遢。

6.2.2　卷发

卷发适用于教师、机关人员，要求线条简单，波纹平淡自然，发型优美大方、朴实端庄。（图6-4~图6-7）

图6-5中的这款发型魅力十足，也是最具女人味的造型之一，搭配服装效果非常出众，并且其卷发的角度都是向脑后进行集中的，这样可以突出脑后丰满的效果。

图6-3

图6-4

图6-5

图6-6

图6-7

图6-7中的这款发型直卷相间，显得有个性又不夸张，在原本直发的基础上，将发尾吹出卷的效果，使头发蓬松而不凌乱，空气感十足，将职场女性外柔内刚的特点展现得淋漓尽致。

卷发注意事项：

①短卷发：选用适合你发质的产品保持头发的整洁和服帖。

②长卷发：给头发一点蓬松的感觉，但要注意，将头发分层剪可保持整齐，且便于造型。

6.2.3　盘发

盘发适用于接待服务人员，例如饭店、公司的服务营业人员、导游、外贸接待人员。这种发型应以整洁美观为主，既有民族特点，又有时代气息，给人以健康明朗、文明礼貌的良好印象。可以选择将头发盘卷起来，梳理整洁，前不遮眉，后不过领，发型美观大方。

图6-8中的发型梳理方法简单。首先将整个头发扎马尾，将马尾头发分成四个发束，以盘卷的手法将发束由发尾卷至发根，突出立体效果，造型干净利落。

图6-9、图6-10中的发型操作简单，将所有发型拧卷造型即可，突出美观大方、干练、妩媚。

最具代表的还有图6-11所示的丸子头，此发型深受年轻女孩和成熟女性所追捧，在扎马尾的基础上盘上一个圆卷，以小夹子固定。

图6-10

图6-8

图6-9

图6-11

图6-12~图6-14中的这一类发型通过盘、包、卷、拧等技法将头发巧妙地结合起来造型，款式多种多样，体现出女性美丽、高贵、典雅的特点，要求在梳理造型时表面光滑柔顺、线条清晰、立体感强、造型鲜明，可以演绎出不同气质女性的万千风情。

6.2.4 编发

选择长头发还是短头发？的确，短发给人干练的感觉，不过，长头发收拾好了，也一样可以有职业化的感觉。只要干净，没有披散在脸上或肩上，一样显得非常干练。因此，打造职业发型还可以把美丽的长发编起来造型。

不管你是直发还是卷发，都可以用编发来造型，打造出完美温婉、优雅大方、魅力迷人的气质女神形象。（图6-15~图6-18）

图6-12

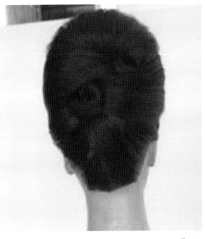
图6-13

图6-14

图6-15

图6-16

图6-17

图6-18

6.3 职业发型与脸型

脸型是决定发型的重要因素之一，适合自己脸型的发型才是最重要的，不是任何流行发型都适合自己。不管是圆脸、方脸、瓜子脸还是长型脸，都要掌握各种脸型需要修饰的重点，巧妙地运用发型线条来修饰脸型，从而达到脸型与发型的完美搭配。发型是体现美的一种艺术，发型设计与脸型的搭配不仅能够突出脸型的优点，遮掩脸型的缺点，更能提升自身的气质魅力。

"三庭五眼"是中国作为五官与脸型相搭配的美学标准，在专业的术语中将脸型称为内轮廓，发型则称为外轮廓。以椭圆形为标准脸型。

6.3.1 脸型的分类

（1）椭圆脸：又称鹅蛋脸，它的特点是额头与颧骨几乎一样宽，同时又比下颌稍宽一点，标准脸型适合任何发型。

（2）圆型脸：额头、颧骨、下颌的宽度基本相同，颊部比较圆润丰满，不像方型脸方方正正，圆型脸给人感觉温柔可爱，较有孩子气。

设计：顶部要蓬松，两侧要服帖，略遮盖脸颊显得不那么圆。

（3）瓜子脸：前额较宽，下巴较窄，这种脸型下颌线条很迷人，给人一种明快清爽的感觉。

设计：采用边分法，顶部头发可蓬松些，两侧头发与下巴同高，将头发烫卷以增加下颌宽度。

（4）方型脸：额头、颧骨、下颌的宽度基本相同，就是四四方方的，两腮突出，前额较宽，额线有棱角。

设计：两侧头发略长，剪出长短不一的发尾遮盖突出的两边。

（5）长脸型：脸型较窄，发际线较高，下巴又尖又大。

设计：适合自然蓬松的发型，采用刘海遮盖法，缩短脸型。

（6）梨型脸：额头窄，下巴宽，额线有棱角。

设计：以中长发为宜，将刘海自然垂直在前额两侧，发尾略遮过宽的下巴。

（7）菱型脸：上额窄，下巴尖，颧骨突出。

设计：利用刘海区遮盖过窄的额头，两侧头发遮盖颧骨。

6.3.2 如何为不同的脸型量身设计发型

（1）椭圆脸：这种中间宽、两头尖的脸型容易搭配任何发型。只需想好需要的发型，按部就班地剪就可以了。比如想要突显眼睛的轮廓，可以尝试在眉毛上方剪厚厚的直刘海。

（2）圆型脸：短发的造型或者刘海只会使圆脸显得更圆。与此相反，在脸颊附近或偏下的部分给头发分层，能够盖住脸的宽度，而且把他人的注意力从脸上引开。另外，在头顶部增加发型的高度，这样可以拉长脸型。

（3）瓜子脸：想要使一个小小的、尖尖的下巴显得自然，就必须在与下巴等高处增加层次，这样下巴周围的区域就会被填满。另一种做法是在下巴边上做出发卷，下巴的轮廓就会显得宽一些。

（4）长脸：要使长脸熠熠生辉，必须减少头顶部的头发量，因为那会让脸显得更窄。应让头顶的头发尽量服帖，在与鼻子等高处增加凌乱的刘海或者扩散的发卷，把脸型塑造得宽一些。

（5）方脸：方脸的女性，脸的中部会看上去非常美，给方脸的人剪头发，应该采用斜角剪法。中等长度或较长的层次会使从额头到下巴的曲线显得柔和。

6.3.3 脸型配合发型的处理方法

（1）圆脸型适合的发型应该是把圆的部分盖住，显得脸长一些。比如头发侧分可以增加高度；用吹风机和圆齿梳将头顶吹高，两边的头发略盖住脸庞，头发宜稍长；或者两边的头发要紧贴耳际，不要露出耳朵，稍梳些短发盖住脸庞。

（2）长脸型的人应该选择使脸看上去没有那么长的发型，同时要好好地利用刘海。可以在前额处留刘海。前额的刘海可以缩短脸的长度。两边修剪少许短发，盖住腮帮，脸就不显得长了。

（3）方脸型的人可以搭配顶部头发蓬松的发型，使脸变得稍长。往一边梳的刘海，会使前额变窄，头发宜长过腮帮，侧分的头发显得蓬松，使脸型变得柔和。另外还可用不平衡法来缓解，因为每个人的脸长得并不对称，某一边要比另一边漂亮，侧分头发可偏向漂亮的另一边，将头发尽量向一侧梳，造就不平衡感，可缓解方脸的缺陷。

（4）西方人蓬松自然的卷发造型引起不少国内女性的向往，但是亚洲人的脸型没有西方人那么立体，所以大卷发放在亚洲人的头上会变得很沉重。这时就要通过调整发色和发量来平衡，比如将发色染成棕色，适当减少头发的量，在视觉效果上会很好看。

（5）脸大的人可以把两侧的头发保留一些，来遮掩较胖的圆脸。

（6）方脸型的人往往腮帮大，很适合烫发，头发的上部要疏松，下部延长，最不能像瓜子脸那样做发型了。可以用发型来遮挡腮部。头发的阴影线使胖鼓鼓的腮部有消瘦的感觉。也可以将头发往后梳成宽型，而在颈后扎住，留下一束头发，平衡一下脸型，使腮部看上去不那么大。千万记住，头发不能用摩丝贴在头上，不能梳得紧紧的、光溜溜的。刘海要有一些，但别做成那种鸡冠形的高刘海，那会使额头显得更尖。

总之，发型的改变可使人的面貌发生很大转变。外表正是让内在得以与外界进行沟通的桥梁，唯有恰如其分的外表方能正确无误地将心理的讯息传递出去。往往一个人的内在很专业，而外在却不够专业或者毫不注意打理，都会直接地影响到别人对其能力的肯定。所以发型的选择一定要协调好与职业、脸型的相互关系，才能突显自身的职业魅力。

图7-1

图7-2

图7-3

7 职业着装设计

7.1 职业装的基本特征

7.1.1 职业装概述

1．广义的职业装

广义的职业装是指各种工作服的总称。通常指从业工作人员在工作时所穿着的一种具有明显标志其职位特征、工作职能的专用服装。职业装设计，是从"现代服装设计"中分离出来的现代服装的专有名词。在部分发达国家，职业装的发展十分迅猛，其面貌已逐渐呈现出从服装大的体系中分离出来而成为一个相对独立的"Uniform"服装分支体系。这里，Uni指一种、统一，Form指形。Uniform——"统一的形"，即职业制服。

职业制服是以识别企业形象和标识企业文化为主要特征的服饰，一般应用于酒店、海关、娱乐服务场所、企业集团公司、学校、军警司法、邮电、电力、金融产品行业、百货公司卖场等须具有规范、整体、统一形象的行业。职业装在我国的出现和使用可谓源远流长，只不过人们过去没有专门将这类服装冠名为职业装。如我国历代的军队服装和各个朝代的官服、侍女服就是标准的"职业装"，再如民国时期的男、女学生校服的出现等。

当下，全球化的资讯共享也让国人更快、更新、更全面地了解世界的文化形式和方法。广泛的精神传播和丰富物质供给在很大程度上改变了中国人的着装观念和方式。因而职业套装在当今社会各行各业中的运用和推广是极其普遍和重要的。职业装的产生正是表现了"干什么穿什么"的现代职业装的基本理念。（图7-1、图7-2）

2．狭义的职业装

从狭义的角度讲，人们通常所说职业装即职业时装。职业时装是介于职业制服与时装之间的、兼具两者特点的工作服装，尤其以白领服装为主要表现形象。它多偏向于现代社会中结合时尚化及个性化为一体的非统一性的职业套装。

职业时装的使用范围主要为社会拥有高薪阶层的白领人士，包括公司管理人员、办事员、部门经理、秘书等等。首先，这类穿着人群拥有一定的着衣气质和身份条件。其次，该人群的办公地点大多集中于大型写字楼、公司、办事处等工作条件较好，有一定高收入来源的地方。因而穿着职业时装既能体现符合穿着者工作身份的商业属性，又能使穿着者在服装中提升穿衣的品位与捕捉时尚的潮流。

为更加全面地展现出当下职场人员干练又时尚的独特工作魅力及独特的工作方式。现代职业时装的款式设计与造型上强调简洁与高雅，色彩上追求协调与搭配，总体上注重穿衣者的职业、身份、文化修养及社会地位等。（图7-3）

7.1.2 职业装的基本特性

职业装以企业性质为主要表现特点，一般用于医学、建筑、电子、邮电施工、机械制造、水下、空间作业，防止工作过程中对人体的伤害，具有防电、防静电、防尘、防水、透气、隔热、防传染等特点，其具有的典型特征，是其他服装形式无法代替的。

1. 实用性

职业装的基本概念和功能是指人们在工作中穿着和使用的服饰。因而，职业装必须以实用和适用作为首要设计和制作的前提。以在穿着时能极大地满足人体工程学、护身等功能进行服装外形与结构的设计，强调保护、安全及卫生作业的基本实用功能。从服装的精神性来看，职业装必须有利于树立和加强从业人员的职业道德规范，培养敬业爱岗的精神。穿上职业装，人们就要全身心地投入工作，尽心尽责，增强工作责任心和集体感。实用的职业装应适应不同的工作环境，因此其设计制作应有诸多具体功能性的要求和制约。材料的选择上，为了满足产业工作的性质，要综合考虑材料的理论性能、生物性能、质感、加工性能等；款式设计应以工作特征为依据，结构合理，色彩适宜，任何过于时髦、花哨的款式、配饰都必须纳入特定的工作环境制约之中；制作加工上，要求裁剪准确，缝纫牢固，规格号型齐全，整烫定型平整，包装精致良好。（图7-4）

图7-4

2. 艺术性

服装作为一门实用艺术，其设计的第一目的，在于用服装与饰物来美化衣着者的形态，尽显其优美的体态特征，同时弥补人体美的不足部分。职业装设计的艺术性从服装本身的感性因素看，是构成服装艺术美的造型、色彩、材料、工艺、流行等的综合考虑，职业装设计师需要通盘考察，研究职业着装的对象、场合、目的、职业性、心理、生理的需求，从而提出最佳的设计方案。从服装的款式、面料、花型、颜色和缝制加工等五个方面，达到恰到好处的协调，形成服装的美感。衣料的色泽具有很强烈的国家、民族、性别、职业、个人性格和气质等特点。企业形象最能生动和随时随地体现的，首先是员工的形象，工作服代表了企业对社会公众的一种"礼貌"——对人的敬重。

图7-5

除了美化个人形象，表现着装者的个性与气质外，职业装的艺术性还在于传达出行业、企业的形象，职业装与工作环境、服务质量一起，构成了行业的整体艺术形象。优雅的工作场所，时尚得体的职业装，加上标准规范的亲切服务，是服务行业完美统一的艺术形象，这种整体美的效果对提高行业的知名度、促进销售、增强企业的凝聚力都不可或缺。因此，职业装设计艺术性对于个人与行业形象都是同等重要的。人们除去睡眠时间，余下的时间中又有二分之一或者更多的时间在工作。在各种人际交往中，几乎都是在双方或至少一方在工作中，人们所接触到的就是职业装，如会议、谈判、接待等场合，其艺术性正是借其形式美的因素表现出来的。（图7-5）

3．标志性

工作服是企业树立社会形象的重要载体。企业经营的高级阶段是文化经营。文化经营的第一步是形象经营。鲜明的企业工作服是获得社会公众认同的感官利器，可以帮助企业吸引公共注意力，从而将注意力资源转化为企业财富。通过工作服，一定程度上，人们可以读出企业信誉、服务质量等方面的信息。因此，工作服是企业标识形象的战略先导，把企业及其产品、劳务形象中的个性与特点有效地传递给一切可以接受该信息的公众，使社会通过工作服的信息传递增强对企业的情感认同。

好的职业工作服能反映员工的精神风貌，体现出企业的文化内涵。设计独特的工作服，还能体现企业的价值观，比如深色调和保守的工作服体现企业的稳健作风，而颜色和款式设计大胆的工作服则能体现企业的创新精神等。服装的标志性一直作为服装的一种重要功能而存在着，反映了穿着者的身份和所从事工作的性质，如军服、警察服、护士服等。标志是价值观念的体现。通过工作服的传媒作用，企业的无形价值观在潜移默化中造无形于有形，产生积极影响。（图7-6、图7-7）

4．安全性

职业工作服能有助于人体皮肤的保洁、防污染，防护身体免遭机械外伤和有害化学药物、热辐射烧伤等。从保护人体的角度来说，工作服是外壳护甲。工作服的保护性主要表现在两个方面：一是护肤保洁特性，包括防护性、耐洗涤性、防菌防霉性等；二是护体防伤害特性，主要表现在工作服的弹性、强韧性、柔软性、耐化学药物性、耐热性等。人们穿着合适的工作服时才会感到舒适，有利于提高工作效率，减轻疲劳程度。

图7-6

图7-7

7.2　职业装的分类与选择

7.2.1　按穿着行业分

1．酒店职业服装

酒店服装应十分讲究，它是一个国家政治经济、地域宗教、民俗风情等自然与社会大背景下的企业形象的定位，内含一定的文化品位和管理思想。另外，酒店是国际经济、文化交流汇集的场所，具有强烈的时代感。因此，酒店服装在款式造型及色彩装饰上，应体现中华民族优秀的文化品质与精神。酒店服装应具有职业服装的基本特征，即实用性、艺术性和标志性。

酒店业制服虽然分类繁多，但要做到使它们建立在一个统一的风格上，保持一种完整的系列感，同时应该突出各个部门之间的职业服装特点，并且在最大程度上体现酒店整体风格、特点。在进行职业装的选择和设计中最重要的就是要保证职业装与酒店文化和装修风格等因素形成统一的协调感。（图7-8）

2．娱乐业职业服装

娱乐职业装的工作、服务地点多为娱乐休闲活动场所。因而娱乐业的职业服装在设计和选择时应注意在服饰整体造型时做到端庄不失时尚，青春不失优雅。款式应以西服套装和衬衣为主，但可以适当加入一些时尚元素。颜色上可以大胆使用明度和纯度较高的亮色来作为选择。这样更适合酒吧、KTV等一些娱乐场所的整体环境和风格。而针对一些娱乐性更强的服务人员，如酒吧演艺人员、主题式娱乐场所服务人员则在款式上做一些大胆改良，色彩也可以时尚多变，且款式可设计成卡通、非常规造型，其目的是与该娱乐场所的营销主题、理念相吻合。（图7-9）

3．商业职业服装

商业职业装可以分为办公室人员的服装、服务人员的服装和车间作业人员的服装。在商业制服中主要通过服装表达沉稳、雅致、时尚的主流风格。在制服的细节设计中往往在衣领、门襟、口袋等部分进行细微区别而产生服装优劣之分。而其中行业标识和整体服装色彩的运用和定位都决定了服装的最终效果和风貌，而商业职业服装的画龙点睛之处也在于此。（图7-10）

图7-8　　　　　　　　　　　图7-9　　　　　　　　　　　图7-10

7.2.2 按穿着季节分类

1．春夏职业装

春夏职业服装的具体种类常见的包括短袖衬衫、裙子、T恤、短袖上衣等。由于夏季气候炎热、潮湿等原因，春夏职业装在穿着、挑选时要注意面料的透气和舒适性。切勿选择款式复杂、装饰过于花哨的样式而影响穿着舒适度。

2．秋冬职业装

秋冬职业服装的具体种类常见的包括大衣、套装、针织衫等。由于秋季寒冷干燥，户外的工作人员对职业服装的保暖性要求则更高。因此，防风、防寒是秋冬职业服装设计与穿着的考虑重点。

7.3 职业装的设计原则与搭配技巧

7.3.1 职业装设计的基本原则

职业装在设计阶段，首先要根据穿着者个人体型特征，对各种职业的性质、特点、上下肢活动幅度、人体保护的要求进行调查研究，分析穿着者心理状况、工作环境，选择最佳的数据，然后进行设计，从而体现出职业装的特点，促使穿着者热爱本职工作。职业装的设计和审定一般采用以下几个原则：

（1）相对稳定原则。职业装与流行服装不同，具有相对稳定性。它在社会和行业发展中逐渐形成并定型。

（2）行业统一原则。同行业内所有从业者只能采用一种形式的职业装，以区别于其他行业的职业装。

（3）行业特点原则。职业装必须充分体现和适应该行业的工作环境、工作对象、工作目标的特性。

（4）国际统一原则。一些职业装的款式、色彩、材料和标志等在设计时要考虑国际统一原则，如医护服统一采用白色。

7.3.2 职业装的款式搭配技巧

7.3.2.1 职业装款式的设计与选择

1．职业装基本款式的搭配与设计

（1）上装

职业装的款式搭配应尽量选择简洁、大方、自然的风格。一般说来，在服装的廓形及细节设计搭配上应尽量避免紧身而繁复的设计，合体且略微宽松的剪裁才是最得体的。正确地选择职业着装能最大程度地表达穿着者的精神风貌和工作状态。此外，还要进行合理的搭配。

①西服

西服通常是公司企业人员、政府机关人员在较为正式的场合或工作场合男士着装时的一个首选款式。西装的文化源远流长，且之所以长盛不衰，很重要的原因是它拥有深厚的文化内涵，在主流的西装文化里已经被人们打上"有文化、有教养、有绅士风度"等视觉、心理标签。

男士在选择西服的面料质地时应注意，选料一般以纯羊毛面料和羊毛混纺面料为主，面料质地以细腻、滑爽、挺括为宜，经纬密度要适当高一些。好的西服，要突出轻、柔、薄、挺等综合性特点。轻：整件西服的重量比较轻。柔：整件西服的各个不同部位，手感都比较柔软滑爽，富有一定弹性。薄：所选西服面料与内衬等辅料搭配适宜，面料厚度减少，衬布克重相应较少，在不影响西服美观的前提下达到手感轻薄的感觉。挺：西服宜看起来挺括。把握以上几点选择原则搭配出的西服套装效果则能体现出最佳着装风貌。（图7-11）

而西服在女装上的运用比男装要晚很多，直到20世纪初，通过设计师的大胆设计与在男装西服中元素的提炼，才有了今天女士西服和套装的诞生。由外套和裙子组成的套装是西方女性日间的一般服饰，适合上班和日常穿着，成为20世纪上半叶最为流行的着装。至今，当代女性穿着的现代西服套装多数限于商务场合。而女性套装比男性套装材质更轻柔，裁剪也较贴身，以突显女性身

图7-11

型富有曲线感的姿态。（图7-12）

②马甲

马甲又称背心，是一种无袖、无领的上衣款式。一般分为套头和开门襟两种类型。在职业装中以开门襟款式着装居多。马甲可以与西服、衬衣进行组合搭配。（图7-13）

③衬衣

衬衣是职业达人不可缺少的单品。衬衣造型看似平淡，却比任何的衣饰都更富于千变万化的潜力，与任何颜色、款式均可搭配。对衬衣的穿着和选取只要掌握时尚原则，变换衬衫的"表情"，如领型、袖长、口袋、扣子的位置和样式，以及衬衫图案、材质等，就能永远吸引众人的目光。

女性在衬衫款式的选择上，可以选择在袖子上做一些改变，比如即使是可爱的泡泡袖，穿在工装的外套里边也是看不出来的，所以对上班也不会有影响，下班的时候把外套脱掉，就会显得非常休闲、靓丽，不会有呆板的感觉。看似正规、单调的衬衣造型有时也只需要一点简单的改变，就可以瞬间变换自己的穿衣风格，从呆板的职业女性变身时尚的街头达人。例如女士衬衣与细款腰带的组合搭配既能通过衬衣造型表达着装的正式性，又能通过腰带的点缀起到修身和装饰的作用。（图7-14、图7-15）

而男士在选择衬衣款式着装时要注意衬衣的整体造型与服装外套之间的搭配关系。在选择衬衣时首先要注意衬衣颜色应与西服颜色协调，不能是同一色。白色衬衣配各种颜色的西服效果都不错。正式场合男士不宜穿色彩鲜艳的格子或花色衬衣。在衬衣穿着后应注意袖口长出西服袖口1~2 cm为最佳距离。（图7-16）

图7-12   图7-13   图7-14

图7-15   图7-16

（2）裤装

修身的长裤能够表现女性较好的身材，其庄重的特质既有助于表现成熟、稳重的气质，又适于出席各种场合。裁剪合身、色彩淡雅的裤装更在中性的职业态度中渗入娴静的气质。（图7-17、图7-18）

（3）裙装（图7-19）

20世纪60年代开始出现配裙装的女性套装，但其被接受为上班服饰的过程较慢。随着时代发展、社会的开放，套装的裙子也有向短裙发展的趋势。20世纪90年代，迷你裙再度成为流行服饰，西装短裙的长度也因而受到影响，大量女性开始习惯穿着短裙与西装上衣进行搭配。

当今在职业装中裙装的搭配运用已经是十分常见、普遍的。据调查统计，裙装在服装的款式造型中最受职业女性青睐。根据季节、气候等因素，搭配裙装穿着的职业套装不仅能给人以大方、简洁之感，还能使穿着者提升个人魅力及素养。裙装的款式有多种，在职业装中为了满足、符合穿着者的工作特征及穿着条件，最常用于职业装搭配的裙型多为简洁、干练的裁剪款式。

①一步裙

一步裙又称筒裙。其最大的造型特点是，从人体的臀部开始，由裙子的侧缝向下自然垂落，裙体呈筒、管状。在职业装中一步裙是使用最多、用途最广的下装款式之一。

②连衣裙

连衣裙的样式在职业装中也占有重要的地位。由于是在工作中所穿着的服装，因而在服装款式上一定要选择裁剪及廓形简单的样式。

图7-17　　　　　　　　　　　　　　图7-18

图7-19

2．职业装款式的细节设计与搭配

（1）领子设计

衣领是制服整体造型的重要组成部分，它是连接头部与身体的视觉中心，衣领的变化也是制服设计的重点之一。选择合适的衣领，并根据穿着者的个人体型条件在衣领的大小、长度、宽度等范围进行搭配选择，便能恰当地体现职业装得体、大方的着装效果。

领子的款式根据服装制板及制作的工艺分为无领和装领两大类，不同造型的领形搭配不同的服装款式会有丰富多变的服装搭配变化。

①圆形领

圆形领指的是领座呈圆形领口的领形造型。圆形领是与人体颈部自然吻合的一种领形。职业服装中的圆形领设计区别于常见时装之处在于更简单、代表性更强一些。

圆形领对于形状大小的要求较高，不同领形弧度的大小也会给人不同的视觉效果，小巧的圆形领制服会给人体贴、细致的视觉效果，而宽大圆形领的制服给人亲切、柔和的感觉。因此，职业装中的圆形领多应用于西餐厅服务员、蛋糕店服务员、酒店服务员、美容师等客服功能性强、需要带给顾客亲切感的行业。而圆形领服装作为时尚职业服装在办公室或正式场合穿着也能给人带来较为轻松、自然的着装风貌。（图7-20）

②V形领

V形领是指领座造型呈现出V形领口的领形，其造型特点是底部呈尖锐的锐角，所以给人以严谨、庄重的感觉。改变领子的大小宽窄，会使制服有不同的风格倾向，但是制服与常规时装有着明显的区分。过于低开的大V领和裸露的前胸在常规时装思维模式中，通常会被认为是性感和挑逗，这在职业装搭配中是要避免的。随着制服设计师们的设计手法日渐成熟，这种领形渐渐地出现在一些白领和时尚职业人士的制服设计中，其中小V领制服显得秀气，大V领制服则显得大气。（图7-21）

③翻驳领

翻驳领的形状由领座、翻折线和驳头三个部分组成，是一种在着装中较为正式的领形。穿着翻驳领的职业装会具有严谨、大方的风格特点，比如一些高级职员的西装外套采用的翻驳领设计给人以端庄、时尚的感觉。（图7-22）

（2）袖子设计

职业装中的袖子一般在袖山和袖头上进行设计变化。袖山是袖子连接衣身的部分。改变其形状和样式能对服装的整体造型和设计产生极大的变化和改变。

将袖山做成合体样式则体现出西服、套装笔挺、干练的效果。而若增加袖山的高度使其变成泡泡袖或蝴蝶袖的样式则能人为地从视觉上产生增加穿着者的肩高的效果，起到修饰体

图7-20

图7-21

图7-22

图7-23

图7-24

图7-25

型的作用。（图7-23）

7.3.2.2 职业装色彩的设计与选择

1. 职业装中常用的色彩运用

色彩应自然协调。办公室中的着装通常不易整体着色过艳，与办公室环境相协调的颜色包括黑、白、灰、米色、藏蓝、藏青、驼色、深黄、深红、褐色等。在冬春季节可选较深的中性色，夏秋季节可选用较浅的中性色。以黑、白、灰等基础色作为日常着装的主色调可以有效提高衣服间的搭配指数，并且不易与其他"点缀色"冲撞。中性色得体，点缀色表达心情，两者相配可在得体中创造无限变化。随着追赶时髦日益成为人们的需求，近年来一些鲜艳色如玫红、宝蓝等也频繁地运用于职业装中。从2006年、2007年的流行信息中可以看到像粉红、墨绿、鹅黄、海蓝、金色、紫色等色彩亦被设计师运用于职业女装中，有的大胆采用对比的色彩与线条，有的和格子、条纹等搭配，有的用彩色织带镶拼或在腰间抽褶、断条，大大丰富了视觉效果并打造出有朝气和充满感染力的形象。鲜艳色使人心情愉快，但是，职业装的色彩整体搭配宜精不宜多，应有策略地穿鲜艳色。服饰色彩宜纯正自然，以便与办公室色调、气氛相协调。

在职业装中黑、白色为经典色系，也是万能色系，可以与任何颜色进行轻松搭配。在颜色搭配中黑色是适合职场的中性颜色，不会令人感觉过于花哨和抢眼，同时还会更显身材苗条，当然更会给穿着者们带来适当的自信心，从容地穿梭于职场中。而白色则为明度最高的颜色，会给人干净、干练的视觉感受。在服装搭配中可以大面积使用，也可以在服装款式局部进行点缀搭配，如领子、袖口等部分。（图7-24）

2. 职业装色彩搭配的技巧

在职场商务领域里，一套正式的工作服的上衣和下装最好是同一种颜色。应当以冷色调为主，通常不宜采用浅色、花色或艳色，借以体现出着装者的典雅、端庄与稳重。

根据惯例，可为商界制服所选择的符合如上要求的色彩，大体上仅有蓝、灰、棕、黑等几种。蓝色的制服表示严谨，灰色的制服表示稳重，棕色的制服表示文雅，黑色的制服表示高贵。在世界各国，这几种颜色都是最为常用的商界制服的基本色。

商界的制服总的要求是典雅端庄。既应当突出自己的实用性，又应当有意识地使之传统而保守；既应当与众不同，又不宜一味追逐时尚甚至走在时尚之前；既应当体现出本公司的特色，又不可为了别具一格而以奇装异服的面目呈现。简而言之，商界人士穿上制服后，应当显得精明干练、文质彬彬、温文尔雅，而非令人瞠目结舌、避之不及。这些要求体现在制服的款式方面，就是要求它要以"雅"为本。

工作服的基本特点是庄重、保守，适合工作，统一形象。目前在服务性行业工作制服比较普遍，例如酒店、银行、保险公司等，因为穿工作制服的人衣着统一、正式，让人觉得可以信赖。（图7-25）

7.3.3 职业装的配饰搭配技巧

7.3.3.1 丝巾

丝巾是女性职业装中十分重要的配饰物品。它携带方便，制作精美小巧，花色多样。有丰富的装饰和点缀服饰的作用。丝巾发展至今，各式新旧的丝巾戴法使其已成为一些行业必备的最具变化性的制服配饰之一，也是在职业服装的搭配中常常会用到的一种讨巧的装饰品。（图7-26、图7-27）

1．丝巾的设计

丝巾设计与制服设计应相呼应，丝巾的款式、色彩、面料、图案是丝巾设计的主要内容。

（1）丝巾的款式

丝巾的款式多种多样，从规格上进行分类有：小方巾（58 cm×58 cm左右）、大方巾（90 cm×90 cm左右）、长巾（190 cm×80 cm左右）。基本上所有国家的航空公司的空姐制服都加入了丝巾的装饰。

（2）丝巾的色彩

丝巾的色彩设计无异于服装的色彩，都是需要严格遵循色彩规律。丝巾色彩的选取应参考制服的色彩，使得制服和丝巾成为一个整体，突出协调的美感。从色彩上讲，丝巾有单色、多色之分，多色一般不应超过三种色彩。常用来搭配制服的丝巾主色彩有红色、蓝色、紫色等，不同色彩的丝巾与制服搭配会给人带来不一样的视觉感受和心理体验。另外，同款不同色的丝巾也常用于企业内部的岗位识别和职能区分。

（3）丝巾的面料

丝巾面料的选用通常会参考成本的预算和客户的需求，常用的丝巾面料从成分上分有真丝面料、化纤面料和混纺面料。真丝面料光泽柔和、手感很软，质地细腻；化纤面料光泽偏亮，有湿冷感，易产生折痕，不易抹平；混纺面料的手感和外观则兼具以上两种纤维的特点。

（4）丝巾的图案

丝巾的图案可以运用各种图形、线条和符号，包括抽象的和具体的形状。

①单独纹样

单独纹样指的是不与周围发生直接联系，可以独立存在和使用的纹样，是图案的最基本形式，单独纹样有对称式和均

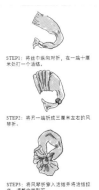

图7-26 　　　　　　　　　　　　　　　　　图7-27

衡式两种。

②二方连续纹样

二方连续纹样是指一个单位纹样向上下或者左右两个方向反复连续循环排列，产生优美的、富有节奏和韵律感的横式或者纵式的带状纹样。设计时要仔细推敲单位纹样中形象的穿插、大小的错落、简繁的对比和色彩的呼应。

③角隅纹样

角隅纹样是指装饰在丝巾一角、对角或者四角上的纹样。纹样本身也是独立完整的，这种纹样的排列较二方连续纹样简单，丝巾无论采取哪种扎系方法都不会过多地遮掩完整的装饰图案。

2．丝巾的系法

丝巾常被人称作是布艺上的绘画，但是如果仅仅重视远看效果的话，也仅仅是一块漂亮的布而已。设计师应该将其巧妙地扎系，充分调动丝巾的动感效果，同一款丝巾采用不同系法可以产生不同的佩戴效果，制服设计师应考虑到运用何种佩戴方法让制服整体产生最好的效果，以下列举一些常用的丝巾系法：

（1）斯文小平结

花色图案简单的丝巾采用斯文小平结系法，搭配清爽利落的V领线衫，再加上铅笔裙和小皮鞋，既有女人的斯文又有女生的可爱。

（2）巴洛克式蝴蝶结

美丽的蝴蝶结，能衬托出女性美。蝴蝶结在造型上应用最为广泛，无论在颈间、领口或胸前都有不同的韵味。独特的蝴蝶结丝带造型可搭配黑色两件套装或长裙，自然垂下的结更有优雅气质。也可以搭配衬衫领，第一个扣子解开，效果比较好。可用柔软的丝巾材质，更具立体感，使人更具飘逸灵动的视觉感观。

（3）百折花结

最好选用质地富有张力的丝巾，可以保证系后的丝巾领结形状美丽。用带有镶边的丝巾，更能突出此种系法所特有的富有层次的丝巾褶。搭配与花边颜色相近的长裙，更显娇柔、甜美。

方巾折叠的宽度可根据颈部比例而定，太宽的话导致整条丝巾失去平衡感。搭配圆领时，可以将带有休闲风格的衣领演绎得更加华美。与方领的搭配，会让人看上去充满女人味。搭配套装最好选用尺寸稍大一些的丝巾，看起来感觉更加协调，使丝巾的两端垂在前面，增加丝巾褶的垂感。这种系法较不适合脖子太短或梨型脸的人。

（4）帅气领带结

此种系法给人感觉严谨、踏实。与式样传统的衬衫搭配，给人一种整齐、利落的感觉。丝巾领带上圆形和方块的组合打破白衬衫的沉闷、单调，再加上合身长裤，给人专业、干练的形象。如果搭配黑色窄裙，中性干练中也能带出一点女人韵味。

结的位置系得稍向下一些，与低领衣服搭配在一起，看起来会更加协调。如果是高领衣服，配上长裤与高跟鞋，看上去清爽、利落，适合于比较帅气的装束搭配。丝巾的左右平衡感决定了系后的效果。如果想让领带结整体上看起来稍微小巧一些，可以将丝巾两端的长度比例调整为2：1。

3．不同脸型对应的丝巾围系原则

（1）圆型脸

脸型较丰润的人，要想让脸部轮廓看来清爽消瘦一些，关键是要将丝巾下垂的部分尽量拉长，强调纵向感，并注意保持从头至脚的纵向线条的完整性，尽量不要中断。系花结的时候，选择那些适合个人着装风格的系结法，如钻石结、玫瑰花、十字结等，避免在颈部打重叠围系、过分横向以及层次感太强的花结。

（2）长型脸

左右展开的横向系法能展现出领部朦胧的飘逸感，并减弱脸部较长的感觉，如百合花结、项链结、双头结等。另外，还可将丝巾拧转成略粗的棒状后，系出蝴蝶结状，不要围得过紧，尽量让丝巾自然地下垂，渲染出朦胧的感觉。

（3）倒三角型脸

从额头到下颌，脸的宽度渐渐变窄的倒三角形脸型的人，给人一种严厉的印象和面部单调的感觉。此时可利用丝巾让颈部充满层次感，选择一个华贵的系结款式，会有很好的效果，如带叶的玫瑰花结、项链结、青花结等。注意减少丝巾围绕的次数，下垂的三角部分要尽可能自然展开，避免围系得太紧，并注重花结的横向层次感。

（4）四方型脸

两颊较宽，额头、下颌宽度和脸的长度基本相同的四方脸型的人，容易给人缺乏柔媚的感觉。系丝巾时尽量做到颈部周围干净利索，并在胸前打出些层次感强的花结，再配以线条简洁的上装，演绎出高贵的气质。

7.3.3.2 领带

1．领带的设计

在职业装配饰搭配中，相对于丝巾，领带在款式设计上就简单了很多。下面主要从色彩、面料和图案三方面来介绍制服中领带的设计要点。

（1）领带的色彩

在制服领带的色彩设计中，只要遵循色彩搭配原则，考虑到整体制服的色彩搭配，让领带的设计在低调中体现设计师的水平，就能为企业带来更好的形象。一般来说，领带的色彩要与穿着者的职业、地位吻合。

（2）领带的面料

领带大致分为色织真丝领带、印花真丝领带、仿真丝领带。色织领带是将染好的丝用机器编织而成，因此面料看上去立体感比较强烈。印花领带是用成型的白胚面料，将图案用颜料印上去，手感比较软，颜色多样，比较鲜艳。与丝巾不同，领带还需要做衬里，衬里常用涤丝衬、柚丝衬、羊毛衬涤丝混纺。制服的领带基本都是用涤丝衬的，经久耐用，方便打理。

（3）领带的图案

①纯色图案

通常用于搭配制服的纯色领带颜色较深，如深蓝色、紫红色或者黑色等。纯色领带可以搭配多种素色的衬衫。一条纯色的领带与素色衬衫和西装搭配的制服可塑造出一副整洁、大方的仪表。

②定制图案

与丝巾的定制图案相同，可以将企业的LOGO作为图案基型运用在领带的图案设计上，一般采用四方连续排列，或者在领带的左下角刺绣一个小标志，这也是最简单、有效的企业制服识别设计方法，还可以与女性制服中的丝巾图案相呼应，使制服的系列感更加完善。

2．领带的系法（图7-28~图7-30）

1，领带的两端交叉大头长于小头。　　2，大头往后绕过小头，从中区域穿出。　　3，大头再往后绕小头一圈。

4，再由下往上从中区域穿出。　　5，最后从前面的圈中穿过，使大头盖住小头。　　6，往下拉大头即可定型。

图7-28

1，两端交叉，把小头放在大头之上。　　2，大头翻上穿入中区域。　　3，拉出大头至身体右侧，里面朝外。　　4，再把大头覆盖领带缠绕至左侧。

5，往后穿入中区域。　　6，再穿过前面的圈。

7，束紧领带结。

8，一只手轻拉小手前端，另一只手把领带结移至衣领的中心即可定型。

图7-29

1. 将领带的小头从前面绕过大头。
2. 绕过一圈至右侧。
3. 自上而下穿入中区域。
4. 绕至另一侧穿出。
5. 再将小头从前一圈内穿入。
6. 把小头置于大头的后面。
7. 下拉束紧即可定型。

图7-30

（1）优雅结

优雅结又称为十字结和半温莎结，适合于细款的领带，在打温莎结的基础上，通过力的作用，让领带结的一个角变得斜一点，更俏皮一点。

适合人群：活泼自由，几乎适用于任何工作场合，在众多衬衫领形中，其与衣领是最完美的搭配。更重要的是，由于这种领结的打法简单，容易上手，适合不经常打领带的人。

（2）简约结

把领带宽的一段以180°由上往下扭转，并将折叠处隐藏于后方完成打结。打完这种领带最快6 s。

适合人群：普通办公室工作人员，年龄在30~45岁之间，且适用于质地较厚的领带，最适合打在标准式及扣式领口衬衫上。

（3）高贵结

把领带的宽边预留较长的空间，然后在绕第二圈时，尽量贴合在　起即可完成。

适合人群：时尚年轻的职业人士。由于领带结的两次缠绕让整个人看上去特别有精神，因而这种领带特别适合年轻男士在非过于正式场合穿着的时尚装扮。

8 不同职业角色的妆容设计

8.1 职业妆容设计的原则与技巧

所谓职业妆容设计，就是在原有条件的基础上，确定一个被公众接受的期望妆容形象，被设计者通过使用相应的化妆品和工具，正确运用色彩，采用合乎规则的步骤和技巧，对面部五官及其他部位进行预想的渲染、描画、整理，以加强立体效果、调整形色、表现神采，从而达到预期妆容设计目标的系统性创作过程。

妆容，指面容，但妆容不等于面部形象本身，它还包括手部、颈部等其他可能裸露部位的形象。

职业形象的妆容设计，不仅仅是技术问题，也不仅仅是对时尚美的追求与拥有的问题，它实际上也是职场中的一门形象艺术，或者进一步说，是有关职业态度、职业追求的问题。因此，形象的妆容设计从某一侧面也体现着职业理想的设计，体现着职业追求的最佳状态的设计，是职业生涯过程真、善、美的设计。

8.1.1 职业妆容设计的基本原则与技巧

1. 面部妆色与线条的和谐统一

化妆时不仅所用化妆品的色调要一致，其不同部位选择的线条也要统一。 如果眉毛、眼线、唇线等都表现得简练、利落、清爽，会使你获得一种理智而干练的形象；如果线条都表现得柔和起伏，流畅飘逸，就会给人一种温文尔雅的感觉。（图8-1）

2. 化妆与服饰色彩及其风格的和谐统一

有些人把化妆称为 "给脸穿衣服"。在设计面部妆容的色彩搭配时，只有和服装、首饰等同时进行整体考虑，才能相得益彰。

譬如，身着黑、白、灰、银灰、中灰、铁灰等色系的冷色调服饰，适合于选择偏冷色调的妆色搭配，切忌用过分艳丽的桃红唇膏、亮色眼影等；穿白色套装，且肤色较白者，适合于选择暖色调的妆色，眉毛不宜太细太浅，眼影线可用灰色、浅棕色，可只涂浅淡唇膏，眼影可以不画，如果要画，则要尽可能接近皮肤的颜色，以突出青春自然之美；当身着的服饰色彩较多或款式较复杂时，腮红就要尽量少用，或者不用，眼影则可适当加深些。

一般而言，服装与妆色的协调，应先确定服装，再着手化妆。

3. 化妆与环境场所的和谐统一

这里的环境场所是指职业妆容设计对象的工作环境与社交活动场所。它是衡量职业妆容设计效果的背景条件。

在严肃的场合，浓妆艳抹显然不大相宜；在热烈的氛围中，过于淡妆素裹也会让人感到不大适合。

8.1.2 职业妆容设计的基本技巧

1. 职业女性的妆容设计技巧

（1）避免浓妆艳抹

建议女性不要浓妆艳抹地出入办公场所。当然，在其他社交场合，则可以把自己打扮得艳丽夺目。

有一家化妆品公司曾做过这样的调查：他们请来六位介于18岁至40岁之间不同年龄的女士——她们都被认为是最善于化妆的，让她们先后化淡妆和浓妆，并替她们拍照。调查人员把这些女士淡妆及浓妆的照片分别给不同年龄段的男性看，让他们选出自己喜欢的上述女士照片各一张，结果如下：

在25岁至35岁男性中，选淡妆的占67%；

在35岁至45岁男性中，选淡妆的占62%。

由此可知，多数情况下，妆容优劣的标准是"足够可矣，多则碍

图8-1

事"。

（2）突出个性化职业特点

①如何显得机敏

化妆的色调要和谐，为避免花哨，最好选用同一类颜色。

切忌选用玫瑰红、鲜红等显得妖艳的颜色，也勿采用朦胧色调，而尽量选用恬静、素雅的色调，如灰色之中暗藏绿调或蓝调。

眉线、眼线、唇线等要简单且稍显锋利，无论是眼线还是眉毛的线条，都要描得平直且干净、利落，避免活泼的曲线；嘴唇的轮廓要朴素、清晰，过于弯曲会显得花哨、轻薄。

额头以宽、以露为宜。如果额头偏窄，可剃去边上的杂乱发毛，饰以粉底使之显宽。粉底色要与肤色协调，要有光泽。

②如何显得文雅、秀气

如果你的脸型瘦削，身材苗条，就要充分利用这些有利条件，通过化妆修饰，增强自然的秀气感，以给人留下文雅、秀气的印象。化妆时为充分体现白皙，建议选用白色调的粉底霜，以使肌肤有透明、柔滑、洁白如玉之感。

腮红、口红的颜色要一致，以保持妆色的和谐统一。眼影最好用冷色调，如蓝色、灰色、绿色等，这些色调均能表现智慧、沉静的情调。服装色彩也应该以冷色调为主。

③如何显得爽快、活泼

应努力避免娇媚的感觉，所用化妆品的颜色种类不宜太多，色调用浅褐色作为和谐统一的基调为好。

要特别强调眼睛和眉毛的修饰，眼睛要亮而有神，眉毛要描得重些，给人眉清目秀的印象；眼线一定要描得干净、利落，给人以机敏、活泼的感觉；眉毛要修得秀气些，并在眉毛下面加些亮色，使之看上去健康、活泼；如果眉形是下垂的，要先修饰眉形，下垂的长眉会给人老气、忧郁的印象。

另外，爽快、活泼还要表现出精力旺盛，身体健康。因此，脸颊、唇部要用红、橙红或偏红的褐色等，避免使用暗淡、混浊的颜色和冷色。粉底霜要用效果红润的，定妆蜜粉不宜用得过多，以突出脸部光泽。

（3）戴眼镜时如何进行眼部的化妆

远视眼的人，镜片会把眼睛放大，眼妆需柔和、淡雅，不论是眼线还是眼影，都要用较淡的笔触与色彩，避免出现触目的线条；涂睫毛膏后一定要梳理干净，如果睫毛上留有其碎屑，被镜片放大后会令自己很尴尬；眉毛要细心修拔并保持整齐。

近视眼的人，镜片会把眼睛缩小，因此眼部的化妆必须予以强调。眼线最好用明显黑色，眼影应比戴远视眼镜的人画得浓些；如果你的眉笔较淡，应换成较深色眉笔以便于加深眼眉的颜色。

戴眼镜的人只有摘下眼镜后才能涂腮红。同时应注意，任何眼镜后面的脸颊颜色都会在镜片的作用下发生变化，甚至被夸张。因此化完妆后，一定要戴上眼镜仔细检查一下面部，看看所强调的程度是否恰如其分，化妆的颜色是否准确协调。

（4）中年职业女性的化妆技巧

化妆品公司也为超过45岁的女性做了一连串的试验，结果有92%的男性喜欢做过美容、化过妆的女性。

对于中年人而言，皮肤保养与化妆是同等重要的。这段时期皮肤的特点是弹性逐步减弱，眼角出现鱼尾纹，额头的皱纹开始扩展，皮肤逐渐松弛。对于这个年龄段的女性来说，良好的保养措施与合适的化妆技巧，将会使已经走向成熟的自己风韵犹存。

2．重视手的美化

在社交活动中，手与人，手与物的接触十分频繁，如握手、送文件、打手势、接电话等等。在这些场合，人们无意中会给你的手"打分"，从而对你留下深刻的印象。

关于"手的形象"的研究，曾经有人做过一个小小的调查，发现办公场所的女职员中，真正能做到正确保养手和修饰指甲的只有31%。其中，位于高级主管地位的占89%。

理想的手应该是丰满、细腻、修长、光洁、流畅的。美化手部的方法最重要的是要适当地洗手，让手部经常保持清洁。指甲的形状有很多种，可根据自己指甲的自然状态以及个人的爱好，修剪成圆形、方形、尖形、自然形等。

职业女性最忌讳留长指甲和涂艳丽的指甲油，最恰当的选择是保持指甲的自然形状，使指甲长度略超过手指尖，指甲顶端成圆弧形，涂指甲油时首先应注意要与唇膏的颜色相近，或涂自然肉色（包括浅红色、中浅红色、透明无色等）的指甲油。（图8-2）

图8-2

8.1.3 职业男性的妆容设计技巧

职业男性妆容设计的注意事项：

（1）适合办公场合用的修面液和香水一般应是幽微的、淡薄的，并有一种清爽味道的，这样能使周围的人感到愉悦。

（2）男性也应像女性一样精心呵护自己的皮肤，每天洗三次脸，去除积累在脸上的灰尘和污垢。用少量的保湿液能使皮肤长时间保持湿润。

（3）改变眉毛存在的缺陷，修整多余的眉毛或不规则的形状。

（4）外露的鼻毛太不雅观，买一把修剪鼻毛的专用剪刀，适当修剪。

（5）勤于修面的男士在工作中更容易被他人接纳。

有权威或德高望重的长者，如果有蓄须的习惯，不可忘记经常对胡子进行修剪，特别是要把脖子上的"胡须"修理干净。

（6）保持牙齿和齿龈健康是每日优先考虑的事情。

每天刷三次牙，尤其是在午餐后刷牙。一次专业性的牙齿清洗能为你带来惊人的变化。

（7）手总是不可避免地暴露在别人面前，应注意保持手和指甲的清洁，并选用合适的男用护手霜护理双手。

8.2 空乘人员的职业妆容设计

由于乘客对航空服务的要求越来越高，空乘人员的形象影响着航空公司的形象，甚至决定着旅客对航空公司形象的评价，故航空公司对空乘人员除了在服务质量方面有严格要求外，对其外在形象的要求也非常严格。作为一名空乘人员，如何找准自己的职业定位，如何将服务水平专业化、职业化，是航空公司在整个航空服务业赢得客户青睐的决定性因素。因此，一名空乘人员或准空乘人员，除了在外形、气质以及个人修养上应给客户留下美好的印象之外，还需要一定的化妆技巧来包装自己，给人以清新、美丽、大方的感觉。空乘人员应将美丽的外貌与高雅的气质、美好的德行与动听的语言结合起来，展示出人格气质、专业精神、企业文化，体现出完整的内外兼修的美好职业形象。

8.2.1 空乘人员化妆的目的

空乘人员的录用经过航空公司精挑细选，对其外貌、体型、沟通技巧、服务能力、身体素质等多方面进行了严格的考核。所以，在人们心目中，空乘人员"天生丽质"，不需要化妆就已拥有一副漂亮的脸蛋，却不知，化妆不仅是为了让自己变得更加漂亮，还具有更为深远的意义与目的。

（1）社会交往的需要

社会在进步，人们的生活方式也在不断地改变，社会交际变得频繁，人们通过正确的化妆手法，以及适当的服饰、发型搭配，加上良好的修养、优雅的谈吐、端庄的仪表，使得仪表仪容更加大方得体。

（2）职业活动的需要

随着商品社会的不断发展，化妆已不再局限于舞台上，而是逐渐进入职业生活，通过人为的修饰，使平凡的相貌散发出超凡脱俗的魅力，给人以美的享受，反映出新时代的精神风貌。乘务员的化妆是一种职业规范的要求、职业道德的体现、职业活动的需要。

（3）日常生活的需要

一个人的容貌，除了生理条件和气质风度之外，仪容的修饰也是很重要，乘务员也不例外。化妆能使人容貌美丽、精神焕发，以愉快的心情投身到学习和工作中去，在公共场合能起到交流情感、尊重他人、增进友谊的作用。

图8-3

图8-4

无论如何，适度的化妆在美化自己的同时也是对他人的一种尊重，体现了个人的修养与内涵。

8.2.2 空乘人员化妆的原则

空乘人员应该在各种场合展现最完美的一面，这就要求在化妆时应遵循以下原则：

（1）自然真实的原则

化妆要求自然真实，在不改变自身特点的基础上进行描画，除了需要刻画角色的妆型以外，其他的妆容应以自然协调、不留痕迹为主要原则，职业妆尤为强调此原则。化妆时要把握好自然这个"度"，将乘务员的本色美与修饰美完美地结合，使本色美在修饰美的映衬下变得更为突出。（图8-3）

（2）扬长避短的原则

化妆一方面要突出面部最美的部分，使面部显得更加美丽动人；另一方面则要掩盖或矫正缺陷或不足的部分。所以，乘务员在化妆前，就应该对自己进行认真的分析，包括脸型、皮肤特点、五官、头发、身体比例、性格、气质等。

（3）整体格调统一的原则

整体格调统一原则在化妆中显得尤为重要。

在化妆时，个人应注意以下三方面的统一：

①妆面的设计、用色要与发型、服装、配饰等相统一。

②空乘人员的面部化妆设计要与职业、气质、性格相统一。

③化妆设计要与时间、地点、场合和谐统一，即TPO原则（TPO是三个英语单词的缩写，它们分别代表时间"Time"、地点"Place"和场合"Occasion"。TPO原则即着装应该与当时的时间、所处的地点和场合相协调）的和谐一致。（图8-4）

除此以外，空乘人员在职业妆描画的过程中，还要注意团队间各成员整体形象的协调统一，同时，在客舱服务中化妆不应该过分强调个人的性格特点。

8.2.3 空乘人员化妆的注意事项

（1）具有一定的审美鉴赏能力

具备一定的审美能力是化好妆的前提。具备这种能力，需要在文化艺术修养方面持续学习；不断观察和揣摩自身特点，细心观察、研究、体会，逐渐去激发、挖掘、培养自己的审美能力，并通过不断地实践提高这种能力。

（2）正确选用化妆品

很多人在购买化妆品的时候，通常喜欢听从销售员的推荐或者盲目地跟从朋友、同事的意愿或经验去购买，有的人甚至认为越贵的产品效果越好，导致购买的众多产品中很多产品不合适，或者化出来的妆并不漂亮，原因多数在于选择的产品并不适合自己。化妆品在选用时，要考虑多种因素，如是否适合自己的肤色、肤质的特点；使用时是否有过敏现象；价位是否在自己能力范围内；是否与自己的气质相匹配等。

（3）合理地运用色彩

色彩在整个妆面效果中起着举足轻重的作用。色彩运用及搭配合理，整个妆面会显得干净，整体形象会显得协调、统一。色彩选用得不当，整个妆面会显得不协调、凌乱。

（4）掌握化妆的技巧

熟练地掌握各种化妆的技巧，体会"正确、准确、精确、和谐"四大要素。化妆的技巧不是短时间就能掌握的，需要反复地学习、实践、提高。

（5）正确保养化妆品与化妆工具

正确地保养化妆品与化妆工具，能够延长化妆品与化妆工具的寿命，同时，也能尽量避免因其保养不当而对皮肤造成伤害或对妆面效果产生不良影响。（图8-5）

图8-5

8.2.4　空乘人员常见的化妆类型

8.2.4.1　女性乘务员常用化妆类型

1．日妆

日妆表现于日常生活中，是按照个人的意愿、审美情趣及需求进行自我形象的塑造，追求柔和、自然的效果，较随意。日妆的展示范围相对较大，适合于不同年龄、环境的化妆。化妆时，可以根据不同的目的进行描画，也可根据不同场合、时间进行描绘，如春季日妆、夏季日妆、秋季日妆、冬季日妆。

（1）春季日妆

面部妆面用色要使人清新、淡雅，且看起来有生机。整体形象应给人简单、活泼的感觉，不可出现厚重、烦琐之感。

化妆要点：

①粉底

粉底应选择粉底液为宜。

②脸型修饰

脸型修饰不必强调内外轮廓的晕染，若鼻梁不高，可适当作提亮色的晕染来从视觉上增加鼻梁的高度。

③眼部化妆

眼影，可选用粉红、粉蓝、浅黄、翠绿、橙色等富有生机的色彩进行晕染。

眼线，使用黑色或灰色眼线膏、眼线笔描绘。

睫毛，使用自然卷翘型睫毛膏来涂抹。

④眉部化妆

眉部化妆使用深棕色或灰色眉膏进行描绘。

⑤唇部化妆

唇部化妆使用固体唇膏或液体唇膏涂抹，各有不同的风格，可选择粉红、桃红、浅橙红色来涂抹。

⑥颊部化妆

颊部化妆的腮红色以粉红、橙红为首选用色。（图8-6）

（2）夏季日妆

夏季日妆要追求清爽、透气的感觉，故在妆面用色上要清淡一些。

化妆要点：

①粉底

粉底应选择粉底液为宜。

图8-6

图8-7

图8-8

②脸型修饰

脸型修饰不必强调内外轮廓的晕染，若鼻梁不高，可适当作提亮色的晕染来从视觉上增加鼻梁的高度。

③眼部化妆

眼影，可选用浅蓝、淡粉、米黄、浅棕等清新、淡雅的色彩进行晕染，也可不涂眼影，突出夏季清爽的感觉。

眼线，可选用黑色或灰色眼线膏描绘。

睫毛，可选用自然卷翘型睫毛膏来涂抹。

④眉部化妆

眉部化妆可选用棕色或灰色眉粉进行描绘。

⑤唇部化妆

唇部化妆可选用液体唇膏涂抹，以粉红色为宜。

⑥颊部化妆

颊部化妆的腮红色以粉红、桃红为首选用色。（图8-7）

（3）秋季日妆

秋季日妆应体现成熟、大方的感觉。

化妆要点：

①粉底

粉底应选择粉底膏为宜。

②脸型修饰

脸型修饰可适当进行内外轮廓的晕染。

③眼部修饰

眼影，可选用棕色、橙红色、墨绿色、深蓝色等色彩进行晕染，突出成熟、大方的感觉。

眼线，可选用黑色眼线膏描绘。

睫毛，可选用自然卷翘、加长型睫毛膏来涂抹。

④眉部化妆

眉部化妆可选用棕色、灰色、灰黑色眉笔进行描绘。

⑤唇部化妆

唇部化妆用固体唇膏涂抹，可选用橙红色、紫红色、棕红色。

⑥颊部化妆

颊部化妆的腮红色以橙红、紫红、棕红为首选用色。（图8-8）

（4）冬季日妆

冬季日妆的妆面效果要给人以冷艳的感觉，用色可以适当浓一些。

化妆要点：

①粉底

粉底应选择粉底霜为宜。

②脸型修饰

脸型修饰应突出面部立体感。

③眼部修饰

眼影，可选用红色、橙色、黑色等纯度较高的色彩进行晕染，突出冷艳的感觉。

眼线，可选用黑色眼线膏、眼线液、水溶性眼线粉进行描绘。

睫毛，可选用浓密、加长、卷翘型睫毛膏来涂抹。

④眉部化妆

眉部化妆可选用黑色、灰黑色眉笔进行描绘。

⑤唇部化妆

唇部化妆可选用固体唇膏涂抹。

⑥颊部化妆

颊部化妆的腮红色以大红、玫瑰红、棕红等颜色为主。（图8-9）

2．晚妆

晚妆也被称为晚宴妆、宴会妆，一般是为进行夜生活而化的妆。晚妆适用于气氛较为隆重的场合，如宴会、晚会，有正式场合、休闲场合，也有用于比赛的场合，故晚妆的化妆形式与步骤也各不相同。根据所处环境的光源效果的不同，可将晚妆分为冷妆与暖妆两种形式。

（1）冷妆

化妆要点：

①粉底

冷妆的粉底应选择粉底霜为宜。

②脸型修饰

冷妆的脸型修饰应突出面部五官的立体感。

③眼部化妆

眼影，可选用紫色、棕紫色、玫瑰红色、蓝紫色等色彩进行晕染。

眼线，可选用黑色眼线膏、眼线液、水溶性眼线粉进行描绘。

睫毛，可选用浓密、加长、卷翘型睫毛膏来涂抹，可佩戴假睫毛。

④眉部化妆

眉部化妆可选用黑色眉笔进行描绘。

⑤唇部化妆

唇部化妆用固体唇膏涂抹，可选用玫瑰红色。

⑥颊部化妆

颊部化妆的腮红色以玫瑰红、粉红等颜色为主。（图8-10、图8-11）

（2）暖妆

化妆要点：

①粉底

暖妆的粉底应选择粉底霜为宜。

②脸型修饰

暖妆的脸型修饰应突出面部的立体感。

图8-9

图8-10

图8-11

图8-12

图8-13

③眼部化妆

眼影，可选用金色、棕色、黑色、红色等色彩进行晕染。

眼线，可选用黑色眼线膏、眼线液、水溶性眼线粉进行描绘。

睫毛，可选用浓密、加长、卷翘型睫毛膏来涂抹，可佩戴假睫毛。

④眉部化妆

眉部化妆可选用黑色眉笔进行描绘。

⑤唇部化妆

唇部化妆用固体唇膏涂抹，可选用桃红色、大红色。

⑥颊部化妆

颊部化妆的腮红色以橙红、粉红等颜色为主。（图8-12、图8-13）

3．职业妆

职业妆又称工作妆，是适合于职业人士的工作特点或与工作环境相关的社交环境的一种妆容。对于女性空乘人员，职业妆可分为客舱服务妆和社交职业妆两种形式。

（1）客舱服务妆

客舱服务妆是指空中乘务人员特有的妆容，是适合于客舱服务环境及职业要求的一种妆容。

空中乘务人员的主要工作是在机舱内为乘客提供各种各样的服务，由于他们的服务往往是近距离地与旅客接触，除了其热情周到的服务外，适度的化妆也成为旅客评价其服务优劣的内容之一。正确适度的化妆，会使旅客感到赏心悦目，而这种妆容往往要求比较严格，稍显浓重会给人以难以接近之感，反之，会让乘客觉得不够重视与尊重对方。

化妆要求是妆色效果应淡雅、含蓄、自然，给人亲切的感觉。并且，乘务组成员的妆容要做到统一、协调的效果。

化妆要点：

①粉底

粉底应选择质感较好的粉底霜。

②脸型修饰

脸型修饰可适当地进行内外轮廓的晕染，颜色不宜过浓。

③眼部化妆

眼影，着蓝色制服时，可选用蓝色系、紫色系，但不能选择过冷的色调，如纯蓝色、深紫色等，会使人感觉缺少亲和力。可考虑选择棕红色的眼影色与粉紫色偏红色的唇色及腮红色。若使用红棕色显得眼睛浮肿的人，可在眼尾加少许黑色眼影，以收敛浮肿的效果。着红色制服时，眼影色不可单独使用暖色系，否则会使整体形象单调、无立体感，并且显得眼睛浮肿，也不可使用蓝色、绿色等冷色调，会使眼部色彩过于突兀。在晕染眼影时，可选择红色系颜色，如粉红色、红色，与黑色眼影配合使用，使眼部色彩干净且不失立体感。可将内眼角用红色眼影晕染，外眼角用黑色眼影晕染。

眼线，可选用黑色眼线膏描绘。

睫毛，可选用自然卷翘型睫毛膏来涂抹。

④眉部化妆

眉部化妆可选用深棕色眉笔进行描绘。

⑤唇部化妆

唇部化妆用固体唇膏涂抹，若着蓝色系制服时，可使用紫红、粉红、玫瑰红等颜色；若着红色系制服时，可使用大红、紫红、橙红等与服装颜色不一致的色调，粉红则会被服装上的红色映衬得暗淡无光。

⑥颊部化妆

颊部化妆的腮红色以粉红为首选用色。（图8-14、图8-15）

（2）社交职业妆

所谓社交职业妆，是指适合于社交场合的妆容。

社交职业妆与客舱服务妆的区别是，客舱服务妆的光线、环境相对单一，而社交职业妆的环境相对多样一些，如户外、室内；白天、晚上等。所以在化社交职业妆时要求妆面效果要符合不同的社交场合，较客舱服务妆灵活。而且，社交职业妆面的色彩较客舱服务妆面应略亮丽一些，结合俏丽与端庄的特点，同时要注意妆面的持久性。（图8-16、图8-17）

图8-14

8.2.4.2 男性乘务员常见化妆类型

1. 特点

随着人们生活水平的日益提高，越来越多的男士对自己的仪容仪表开始关注和重视起来，当面对一些皮肤问题或一些特殊场合时，适当的化妆能使男士魅力倍增。

男性乘务员的化妆应注重改善气色，体现肤质的健康、妆容的统一，既能体现男性的阳刚，又能体现与职业相匹配的亲和力。化妆时应注意正确地使用化妆品，掌握较高的化妆技能，不适当的妆容可能会使其脂粉味过重。

2. 化妆要点

①粉底

粉底应突出皮肤的质感，粉底液、粉底霜均可。

②脸型修饰

脸型修饰应突出面部的立体感，尤其是鼻梁的高挺。

③眼部化妆

眼部化妆不必做过度的修饰，稍画上眼线即可。

④眉部化妆

眉部化妆应突出眉型，以修眉为重点，在眉型修饰后可用灰色眉粉进行适当的晕染。

图8-15

图8-16

图8-17

⑤唇部化妆

唇部化妆用固体唇膏涂抹，一般选用无色或肉粉色。

⑥颊部化妆

颊部化妆的腮红色以棕红色为主。（图8-18、图8-19）

3．男士发型

男士发型要求无异味，无头屑，不抹过多发胶。并且，不染发，不留长发，前不掩额、侧不盖耳、后不触衣领，以精神面貌健康、积极向上为最佳。（图8-20）

图8-18

图8-19

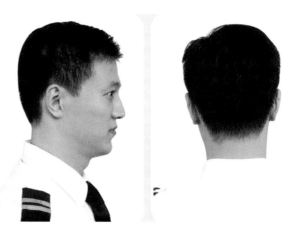

图8-20

8.3 高级主管人员的妆容设计

每个人都有自己特定的社会角色，由于在不同的交际场所所"扮演"的角色不同，因此，装扮或表现也要相应有所区别。每一个角色都有一个自己的定位，凸显角色是一种行为选择，也是一个人在自我定位时，决定哪一个角色比其他角色重要的过程。

当一位新的部门主管走马上任，人们在观察他（她）时，通常会较多地注意那些无形的价值，如个人形象、人际沟通、人品及性格等。因此，身为部门主管应注意自己的妆容，不断强化自己的化妆技巧是必要的。

8.3.1 女性主管

女性主管要在工作中做到真正与男性处于同等地位，必须从自信与装扮上提升自己作为一个独立人格存在的水准，要尽可能打扮得端庄得体，发型、妆容、首饰和衣服应该和谐统一。装扮要尽可能优雅、完美。

主管们的特点应是踏实能干、看着顺眼。作为职业女性，一定要掌握自然、大气的化妆原则。齐耳短发盖住双耳，通常给人一种黯然无光的感觉，而露出双耳可使整个人显得精神焕发，即使只露半边耳朵，效果亦佳。由于她们的服务往往是近距离地与顾客接触，正确适度的化妆，会使顾客感到赏心悦目，这种妆容以自然、大方为原则。

女性女管的化妆要求是妆色效果淡雅、含蓄、自然，给人亲切的感觉。要做到统一、协调的效果。

化妆要点：

（1）粉底

长期待在空调房里，照明也是冷调的光源。因此，底妆要选择有保湿效果的粉底，色彩也要选择适合冷光的暖色调，健康肤色和小麦色是较好体现生机的粉底色，偏白的象牙色、贵族白最好作为提亮色使用。妆容所要表现的重点是职业态度而不是时尚效果。

（2）脸型修饰

脸型修饰不必强调内外轮廓的晕染，若鼻梁不高，可适当作提亮色的晕染来从视觉上提高鼻梁的高度。

（3）眼部化妆

眼影，颜色过于浓艳的眼影不适合到办公的氛围中使用，肉粉、豆绿、橘色、浅蓝色眼影可以使眼睛产生清爽、亮丽的感觉，不会令人产生反感。可考虑选择棕红色的眼影色与粉紫色偏红色的唇色及腮红色。若使用红棕色会显得眼睛浮肿的人，可与黑色眼影配合使用，在眼尾加少许黑色眼影，以收敛浮肿的效果，使眼部色彩干净且不失立体感。

眼线，可选用黑色眼线笔描绘。黑色眼线笔从眼头开始描画出在眼尾微微拉长的清晰眼线。以最容易展现出色泽感的珠光银色眼影为重点，用中号眼影刷刷在上下眼睑，框住整个眼睛。清爽的色彩正是利用了清晰的眼线，来突显清爽、干练的职业感。

睫毛，黑色的睫毛膏一根根地涂在睫毛上，上下都要刷到，精致上扬的睫毛是让眼睛放大、明亮有神的重点。可选用自然卷翘型睫毛膏。

（4）眉部化妆

眉部化妆可用眉扫（同"牙刷型眉刷"）沾上眉粉在眉上轻轻扫，较淡的眉毛可以用眉笔在较淡的部位点画，再用眉扫扫开，切忌用眉笔涂描，否则易将眉毛画重，与办公室气氛不协调。眉粉也不可一次性扫下，一点一点地将眉粉扫上是让眉毛显得自然的关键。

（5）唇部化妆

唇部化妆用固体唇膏涂抹，将口红各点在上下唇中央部位，然后再轻轻抿开，颜色以肉色、粉红色、橙红色为佳。有透明感的唇彩，可以不用勾勒唇线，选择接近或比自己唇色略深的色泽，轻而薄地涂于唇上。

（6）颊部化妆

颊部化妆的腮红颜色不可强过于唇彩，重点是在于利用柔和的色彩使得整个妆容更加亮丽，缓和办公室的紧张气氛。腮红色以橙粉色为首选用色。（图8-21）

（7）戴镜妆

眼镜可不只是视力的问题，眼镜作为实用型的时尚装饰品，其款式、颜色和材质日益精彩，要知道，一款巧妙、得体的妆容，加上一副别致的眼镜，不仅能让你的美目更添魅力，而且还会营造出一种难得的美。

①佩戴变色眼镜

眼线要画得高一些，眼睛才显得大而有神；眼睫毛稍微修饰一下即可，不宜涂睫毛液，否则会给人呆板之感。如果已经上过眼线，不宜再用黑色睫毛膏，那样会使眼部显得太沉重。可使用褐色的睫毛膏比较合适，它会给人一种婉约、温柔的印象。此时，眼影色彩以浅浅的暖色调或明亮的珍珠色为宜。因为镜片的深浅变化会对眼部的色彩产生影响。

②佩戴近视眼镜

近视镜片会缩小人的眼睛，这样化妆时就要给予强调，眼线膏此时最有用武之地。眼线宜浓、宜重，在眉毛下部和睫毛上方则使用淡色眼影膏。如果是一双淡眉，可用眉笔加深，不要使用很淡的颜色，那样会很不协调。眼影色以单色为好，丰富的眼影色会弱化眼睛。化妆时可在上眼睑边缘处用深咖啡色眼影，然后慢慢过渡到眉下。最好用同色眼影的深浅变化，如从深咖啡色渐变至咖啡色等。为眼部上妆时，化妆品容易渗入或掉进眼睛，应选择具有附贴性能的粉状化妆品。画眼线时，要防止眼线液弄污镜片。戴眼镜之前就刷上睫毛膏，并待它干透，尽可能不用假睫毛。粉底最好滋润而不油腻，以免扩散依附在镜片上，造成视线的模糊。由于镜框给人的印象已经够强烈了，所以唇部稍加修饰即可。能提供这种效果的是无色系口红，而非强调型的唇彩。

图8-21

图8-22   图8-23

③佩戴平光眼镜

选择宽泛的平光眼镜更像装饰品。金属细框镜架看上去斯文、娟秀，化妆重点在于细致、简洁和单纯。琥珀彩纹框镜架既古典又活泼，既柔美又性感，化妆相对应"靓"一些。复古的圆形细框镜架有学士风度，显露智慧和自信，化妆应避免带银粉的亮彩眼影和其他夸张色调的眼影和睫毛膏，以淡灰色或淡棕红系列为佳。（图8-22、图8-23）

8.3.2 男性主管

女士们通常羡慕男士不用花多少精力去装扮，以为他们只要穿上一套得体的西装就可以了。但在当今的市场竞争激烈的社会里，已经有越来越多的男士开始意识到仅仅做到这些是远远不够的。男性主管也必须努力注意自己的妆容。

1．注意事项

①男士内衣应干净整洁合身，外在整体服饰搭配合适，符合其身份及地位。

②第一次与重要人物见面时，着装要尽可能含蓄，避免咄咄逼人，色彩和款式较含蓄的高级丝质领带比色彩艳丽的领带更好。

③眉毛间杂乱的毛发看上去不整洁，要定期修整。

④参加重要会议，首先要考虑自己应该以什么样的形象出现，再考虑相应的服饰与妆面。

⑤如果发型长期不变，会显得落伍，甚至会显得比实际年龄老气，设计一个更好的发型，改变原有的习以为常的形象。

⑥手指甲应每两周修剪一次，不留过长指甲为宜。

⑦对于职业男性而言，个人卫生是非常重要的，每天都应该更换衬衣，早晨要淋浴，每天建议刷牙3次。

⑧应选择能与裤装和鞋子相匹配的素色或黑色袜子。（图8-24、图8-25）

图8-24

2．化妆要点

①粉底

如果皮肤颜色不均匀，可以在护肤程序结束后，涂一些有调整肤色作用的隔离霜。市面上的隔离霜颜色大致分两种：绿色修饰发红、有斑点、发暗的皮肤；紫色修饰苍白、发黄的皮肤。涂隔离霜不仅使皮肤看起来颜色均匀、健康，还可以隔离脏空气、灰尘及紫外线。在日常生活中，打底色指的就是涂隔离霜。

图8-25

②脸型修饰

脸型修饰不必强调内外轮廓的晕染。

③眉部化妆

眉部的造型以突出男性的阳刚之气为准，所以千万不可以用眉笔细细描绘，也不可以轻易修眉。只需用眉刷沾少许眼影粉——黑色或深棕色，越自然越好，轻轻地刷一刷就可以得到浓密有力的眉毛。

④唇部化妆

无论唇色是深是浅，在日常生活中都不可以涂口红。只需涂一些润唇油，保持唇部不干裂、不脱皮，看起来健康就行了。（图8-26）

图8-26

8.4　求职面试人员的妆容设计

不论是已经有工作经验的人或者是刚毕业的学生，任何人想获得一份工作都需要经过面试。所以，掌握面试时的妆容技巧是有必要的。

面试最初三分钟的印象非常重要，在这三分钟里考官会对求职者形成初步感性认识。印象好可能会给求职者更多的时间以便对其深入了解，印象不好可能就会匆匆结束面试，或缩短面试过程。在相互不认识的人之间，"以貌取人"并没有错。因为在最初的印象中，形象是对方能够获取相关信息的最直观、最快捷、最有效的途径。所以，应聘时的外在形象对一个应聘者越过最初的障碍会起到非常重要的作用。

如果想要提高面试成功率就很有必要讲究一下个人的形象设计，无论从整体穿着打扮，还是小到一言一行，都要表现出具有大学生素质的应聘者的文化修养水平，争取以全新的新一代年轻人特有的风度和形象去接受新职位的考核，为实现自己的梦想做出成功的第一步。

美国著名形象设计师莫利先生对排名美国财富榜前300名的执行总裁调查发现：

97%的总裁认为懂得展示外表魅力的人，在公司有更多的升迁机会。

93%的总裁认为在首次的面试中，申请人会由于不适合的穿着而被拒绝录用。

92%的总裁认为不懂得穿着的人不能做自己的助手。

100%的总裁认为职员应该进行职业形象的学习。

妆容指人体通过某种装扮修饰形成的外在形态表现，也可以理解为通过打扮装饰凸显的人体神态、状态或者效果。从化妆角度看，有面部和整体装束之分。注重形象对应聘面试的成功非常重要，从一个人的形象可以看出他的种族、国籍、经济状况、宗教信仰、政治倾向，以及从事职业等信息。形象是指通过外观及造型的视觉印象传达给人多方面的信息与联想。在当今激烈的社会竞争中，良好的形象可以增加个人的自信，对个人的求职、工作、晋升和社交都起至关重要的作用。

8.4.1　外在形象整体修饰

1．在整体上，要重在表达亲近感，增强亲和力。

服饰的嘻哈风、哈韩风一直在校园中盛行，几乎随处可见女生顶着爆炸头，戴着大耳环，挂着烦琐的项链，穿着超短迷你裙配牛仔裤，背着过臀大书包，再化个大大的烟熏妆，诸如此类，举不胜举。在职场的面试中也极其忌讳这样的装扮。此外，面试的女生们应回避卡通饰品，因为过于可爱的服饰容易给人以不成熟的印象，也不适合过于另类前卫的造型，同时也应回避过于张扬个性的夸张服饰。

女性的衣着打扮，需要注意的地方更多。首先是发型。曾在网上看到一个面试官的经验分享，她说："一个女性，如果她的头发遮住半边脸，那么她在与人交流的时候，会习惯性地保留三分，比如她想说十句话，可能只说出来七句。这不是迷信，是我面试上千人总结出来的心得。面对这样的女性，你要不断地开导她，才能把她最后三句话挤出来，就是'千呼万唤始出来，犹抱琵琶半遮面'的感觉。"职场上，凡是做事比较干净利索的女性，发型往往比较简约，面部全都展示出来。要想给面试官好的第一印象，女大学生就应该给人以眉清目秀的感觉，让面试官能够看出女性的自信。

2．在细节上，"具体问题，具体分析"。

女大学生可以尽量职业化、中性化一点。所谓"具体问题，具体分析"就是说被面试者的妆容要依据岗位而确定。选择服装的关键是看职位要求。应聘银行、政府部门、文秘等，对于刚接触社会的新人来讲，面试着装不可让自己看起来太嫩；应聘公关、时尚杂志等，则可以适当地在服装上加些流行元素，显示出自己对时尚信息的捕捉能力。仪表修饰最重要的是干净整洁，不要太标榜个性，除了应聘娱乐影视广告这类行业外，最好不要选择太过突兀的穿着。对于应届毕业生来说，允许有一些学生气的装扮，即使面试名企，也可以穿休闲类套装。休闲类套装相对正规套装来看，面料、鞋子、色彩的搭配自由度更高。值得注意的是，应聘时不宜佩戴太多的饰物，这容易分散考官的注意力，有时也会给考官留下不成熟的印象。

图8-27

3．发型不仅要与脸型配合，还要和年龄、体形、个性、衣着、职业要求相配合，才能体现出整体美感。

求职者首先忌颜色夸张怪异的染发，男性忌长发、光头。其次，发型要根据衣服正确搭配，如穿套装，最好将头发盘起来，这样才显精神。再次，要善于利用视觉错觉来改变脸型，如脸型过长的人，可留较长的前刘海，并且尽量使两侧头发蓬松，这样长脸看起来不太明显；脖颈过短的人，则可选择干净利落的短发来拉长脖子的视觉长度；脸型太圆或者太方的人，一般不适合留齐耳的发型，也不适合中分发型，应该适当增加头顶的发量，使额头部分显得饱满，在视觉上减弱下半部分脸型的宽度。最后，根据应聘的不同职业，发型也应有所差异。比如应聘空姐，盘发更加适宜；而艺术类工作对发型的要求更宽泛一些，适当染一点色彩或者男生留略长一点的头发也可以接受。但不管设计梳理什么发型，都应保持头发的清洁。（图8-27～图8-29）

适用场景：面试

图8-28

8.4.2　求职面试人员化妆技巧

面试的妆容，一定要做到妆容轻薄透明。

化妆要点：

1．隔离霜

最常用的是紫色和绿色的，紫色适合皮肤偏黄的人，绿色适合有红血丝的人，隔离霜的功效就是隔离彩妆和外界对皮肤的污染。边拍打边涂抹，并向外推抹，一直推抹到不能再远的程度，这是一种非常好的方法，效果自然且方法简单。涂抹的时候，手指不停顿地将粉底涂抹在脸上，并且尽量抹到脸部最边缘的地方。这样能够减少粉底连接处的痕迹，并能让粉底与皮肤自然融合，即使是发际线和脖子等部

图8-29

位，界限也不会明显。（图8-30、图8-31）

2．粉底

选择接近肤色的或基础底色的粉底，用化妆海绵蘸取少量粉底由内向外，在全脸均匀地拍擦，切忌来回涂抹。如果肤色不好，可擦抹两遍以上粉底，每遍宜薄不宜厚，防止出现边缘线。瑕疵处可用遮瑕笔遮盖。

3．脸型修饰

脸型修饰是指可适当进行内外轮廓的晕染。选择比基底色明亮2~3个色号的粉底作为高光色，用于眉骨、鼻梁、下眼睑、颧骨和面部突出部位的提亮，宜薄不宜厚，不能出现边缘线；用深咖啡色粉底在面部的外轮廓、鼻侧影部涂抹均匀，直至起到修饰脸型的作用。要注意过渡均匀，衔接自然，不能出现边缘线。（图8-32）

4．眼部修饰

眼影，用眼影刷蘸取适量眼影粉，找到眼部结构位置，并将眼部结构表现出来，方法是由外眼角向内眼角均匀地晕染，然后用大眼影刷蘸取少量眼影粉晕染眼部。注意用粉扑隔离妆面。眼影色可与肤色、服饰色协调搭配成同一色系。可选用棕色、深咖啡色、墨绿色、深蓝色等色彩进行晕染，突出成熟、大方的感觉。

眼线，可用眼线笔、眼线液、水溶性眼线粉，如用眼线刷蘸取水溶性眼线粉画眼线。画上眼线时紧贴睫毛根部，下眼线画在下睫毛根部内侧；上眼线宽长，外眼角处色重且向上挑起；下眼线短平，外眼角处色深且宽。然后，用深色眼影粉在眼线外侧作晕染，使睫毛产生浓密的朦胧感。

睫毛，可选用自然卷翘、加长型睫毛膏来涂抹。（图8-33）

5．眉部化妆

眉部化妆是用眉刷蘸适量眼影粉刷出眉型，然后用眉笔将眉少的部位一根一根地按其生长方向画出来。眉型好的人只需用眉刷刷上同色的眼影粉。注意眉头不要画得太实，应该"两头浅，中间深""上面浅，下面深"，并且有毛发的虚实感。

可选用棕色、灰色、灰黑色眉笔进行描绘。（图8-34、图8-35）

图8-31

图8-32

图8-30

图8-33

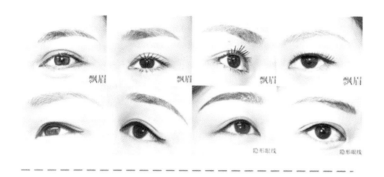

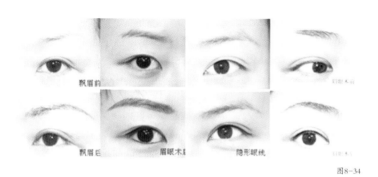

图8-34   图8-35

6．唇部化妆

唇部化妆是用唇线笔画出嘴唇的轮廓，然后用唇刷将唇膏均匀地涂在轮廓内。唇膏的颜色与妆色、眼影及服饰要协调。若要表现嘴唇的立体感可在唇的外轮廓用深色唇膏，里面用浅色唇膏，或在下唇中央的高光处涂上唇油，使嘴唇丰满润泽。可选用粉红色、橙红色、肉色等进行描绘。（图8-36、图8-37）

7．颊部化妆

颊部化妆的腮红色以橙红、紫红、棕红为主。

个人良好的妆容形象对获得一份理想的工作起着重要作用，尤其是当你还没有这方面的经验时，需要依靠自身良好的外在形象，把内在的潜质更好地表现出来，以便于他人能愉快地接受。注重个人形象的提升，打造青春向上、朝气蓬勃的形象固然重要，更重要的还是提升自身专业素养和能力。

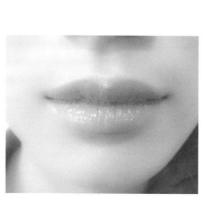

图8-36   图8-37

参考文献

［1］徐家华，张天一. 化妆基础. 北京：中国纺织出版社，2009.

［2］王一珉. 化妆基础. 北京：中国轻工业出版社，2005.

［3］吴帆. 化妆设计. 上海：上海交通大学出版社，2010.

［4］徐晶. 现代职场形象设计. 北京：中信出版社，2007.

［5］刘科，刘博. 空乘人员化妆技巧. 上海：上海交通大学出版社，2012.

［6］吴雨潼. 职业形象设计与训练. 大连：大连理工大学出版社，2008.

说明与鸣谢

本书图片资料主要来源于相关图书和网上资料，这主要得益于设计者无私的关爱和援助。由于撰稿时间仓促，因此有些作品没能署名，万分歉意，一经核实，我们将按国家稿酬标准付酬。

编者